中等职业教育新编规划教材
中等职业教育新编规划教材专家指导委员会审定

钳　　工

主　编　徐大山
副主编　姚卫宁　张　箭
主　审　郑红梅

合肥工业大学出版社

图书在版编目(CIP)数据

钳工/徐大山主编．—合肥：合肥工业大学出版社，2007.7

ISBN 978-7-81093-592-0

Ⅰ．钳…　Ⅱ．徐…　Ⅲ．钳工—专业学校—教材　Ⅳ．TG9

中国版本图书馆 CIP 数据核字(2007)第 109037 号

钳　工

主编　徐大山　　　　责任编辑　汤礼广

出　版	合肥工业大学出版社	版　次	2007 年 7 月第 1 版
地　址	合肥市屯溪路 193 号	印　次	2007 年 7 月第 1 次印刷
邮　编	230009	开　本	787×1092　1/16
电　话	总编室：0551-2903038	印　张	8
	发行部：0551-2903198	字　数	190 千字
网　址	www.hfutpress.com.cn	印　刷	合肥创新印务有限公司
E-mail	press@hfutpress.com.cn	发　行	全国新华书店

ISBN 978-7-81093-592-0　　　　定价：13.00 元

《中等职业教育新编规划教材》

专家指导委员会

《中等职业教育新编规划教材》

编 委 会

《中等职业教育新编规划教材》出版说明

我们正处于一个变革的时代，一个创新与超越的时代。在这场前所未有的变革中，职业教育正在从社会边缘走向社会中心，成为影响我国经济和社会发展的重要因素之一。职业教育的改变和发展从来没有像今天这样备受瞩目，职业教育也从来没有像今天这样承载着如此沉重的历史使命和面临着如此多的挑战，职业教育呼唤着新的理念和新的课程，职业教育需要从本质上转变传统的教学观和课程观。基于这一背景，根据教育部制定的技能型紧缺人才培养工程专业教改方案，在参考劳动与社会保障部制定的《国家职业标准》中相关工种等级考核标准和借鉴国外先进的职业教育理念、模式和方法的基础上，结合目前我国中等职业教育的实际情况，我们组织编写了这套《中等职业教育新编规划教材》。

课程是学校教育的核心。在课程开发过程中所做出的决策，不管是有意还是无意的，都极大地影响着教师教什么、怎么教，学生学什么、怎么学。随着时间的推移，新的知识又在实践中不断发生着变化，这些变化对课程又有着深刻的影响。因此，课程开发是一个持续不断的过程。

那么，采用什么标准来决定哪些知识应该纳入课程呢？技能是单独来教还是在解决真实问题时教？理论和实践应该怎样联系起来才能改进教学？教学过程中采用哪些方法更有利于提高教学效果？

过去在解决上述这些问题时，我们曾获得了许多有益的经验。借鉴这些宝贵经验，我们编写本套教材时力图体现以下特色：

（1）“导、学、做合一”的职业教育思想。结合中等职业学校的培养目标，在教材内容选择上，力求降低专业理论的重心，突出与操作技能相关的必备专业知识；在教学思想贯彻上，注重充分发挥教师引导、学生在任务引领下构建知识和技能的现代职业教育理念的作用；在结构和内容安排上，保证理论实践一体化等教学方法的实施。

（2）改变传统的单科独进式的专业课程体系，实现课程综合化和模块化。将专业基础理论知识与实训项目综合在一起，配套设置成实践性教学训练教材，以贴近学生生活实例和工作任务为基础，激发学生学习兴趣，体现生本教育思想。

（3）紧扣中等职业教育的培养目标，坚持削繁就简和实用的原则。如本套教材中将《机械制图》改为《机械识图》，目的是着重提高中等职业学校学生的读图能力；在《机械基础》中删除了有关机械原理的论述和复杂计算；把机械制造工艺知识及测量技术与实训项目结合起来，以提高教学效率，同时培养学生理论联系实际的优良学风，等等。

尽管本套教材的编写人员大多来自中等职业学校教学第一线，有着丰富的教学经验和强烈的教改意识，但由于时间仓促，教改水平也有限，因此不当之处恳请读者批评指正。

《中等职业教育新编规划教材》编委会

2007年7月

前 言

本教材是根据《教育部等六部委关于实施职业院校制造业和现代服务业技能型紧缺人才培养培训工程的通知》精神，同时参考了劳动和社会保障部制定的《国家职业标准》中车工工种初级和中级考核标准，并借鉴国内外先进的职教理念和教学方法而编写的。

本教材的主要特点有：

1. 内容通俗易懂，便于学习。内容安排由浅入深，由易到难，循序渐进。重点介绍规范的操作方法、加工步骤，以提高实际动手能力。

2. 图文并茂。书中采用大量插图，有些插图本身包含了重要的钳工知识，它们是教学内容的必要组成部分，因此，本书能用图说明的地方就不再用文字讲述。

3. 突出重点，突出主要问题，减少次要因素的干扰，以便于学生掌握最主要的内容。

4. 把一些重要的钳工知识和技能编成口诀，便于学生对学习内容的梳理和总结；另外，在每个综合训练的前面均配置立体图，让学生对综合内容先有一个直观感受。

5. 符合教学实际，尊重教学规律。本书讲练结合，以练为主。在体例设置、内容安排、方法应用、能力考查等方面都充分考虑钳工教学的实际，适度地穿插钳工考证内容。

除上述特点外，为补充一些必要内容，同时也是为了增强可读性，书中还适当地穿插了一些小栏目。其中，“点睛之笔”是对工艺知识进行导引，对技能知识的要点、难点进行剖析，扫清学生的学习障碍；“阅读材料”注重知识的基础性和系统性，希望学生能够将知识融会贯通，开阔学生视野，拓展学生思维，培养学生自主学习的能力；“应知备考”、“模拟考试”的内容覆盖全部初级钳工和中级钳工应知、应会和考证的知识要点，具有代表性，并且题目难易层次分明，能满足不同程度的教学和学习需要。

本教材可安排120学时，课时分配方案建议如下：

序 号	课 题	学时数
1	第一章：入门指导	2
2	第二章：认识量具	10
3	第三章：锯削	6
4	第四章：锉削	8
5	第五章：錾削	6

（续表）

序　号	课　题	学时数
6	第六章:划线	6
7	第七章:钻孔和攻丝	10
8	第八章:综合训练一——凸模对插件加工	10
9	第九章:综合训练二——方孔配合件加工	10
10	第十章:综合训练三——燕尾配合件加工	12
11	第十一章:综合训练四——六角配合件加工	12
12	第十二章:综合训练五——平型工件加工	8
13	第十三章:综合训练六——直角模块加工	8
14	第十四章:综合训练七——加工异形体	12
总　计		120

本教材可供中等职业学校的模具、机械、机电等专业学生使用,也可作为职业技术工人培训用书。

本教材由徐大山任主编,姚卫宁、张箭任副主编,参加编写的还有胡爱民、黄耀斌等。

本教材由合肥工业大学金工教研室主任郑红梅副教授主审。

在编写本教材过程中,铜陵工业学校的杨琳老师曾花费大量时间对本书的文字、图片进行了计算机处理工作,在此表示特别感谢;同时还要感谢铜陵工业学校黄庭曙校长对编写工作的大力支持和提出许多宝贵意见;最后,要感谢芜湖工业学校、马鞍山工业学校等兄弟学校的同仁们以各种方式对编写工作所作的有力支持。

由于编者水平有限和时间仓促,不足之处在所难免,敬请广大读者批评指正。

编　者

2007 年 7 月

目 录

第一章

入门知识

学习目标

1. 了解钳工在工业生产中的工作任务。
2. 了解钳工的场地和设备。
3. 钳工技能的学习要求。
4. 认识钳工工种安全操作规则。

钳工造工具，钳工造模具，钳工造机器

钳工渗透在现代生活中的方方面面

学钳工就是学生活

学钳工就是学做人

钳工使您聪慧

钳工使您理智

钳工使您的人生发生转变

让我们认识钳工

学习技能，体验过程

掌握方法，学习知识

深入探究，勇于创新

把有限的生命

融入人类无限的工程中

1.1 钳工概述

图 1-1 钳工场地

钳工是手持工具对工程材料进行加工的方法，是现代能工巧匠的基本功。钳工的工作场地（如图 1-1 所示）主要由工作台和虎钳组成（如图 1-2 所示），另外还有砂轮机、台钻（如图 1-3 所示）和立钻（如图1-4 所示）等设备。

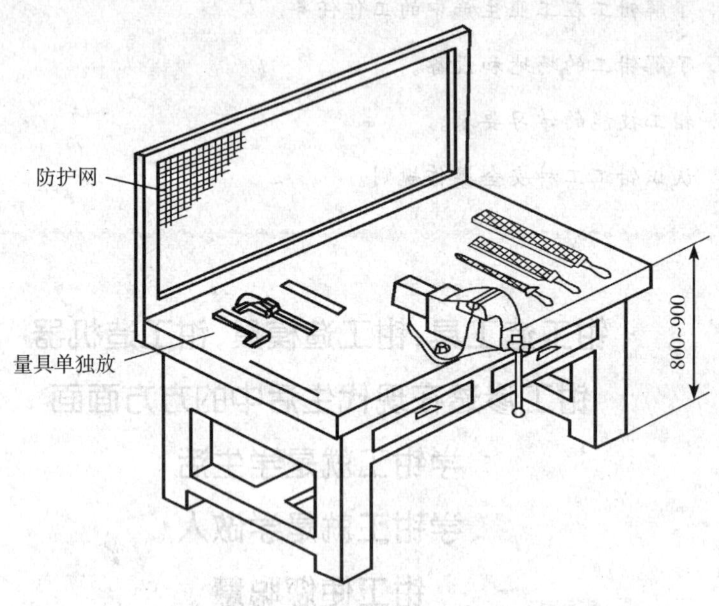

图 1-2 钳工工作台

图 1-3 台式钻床

图 1-4 立式钻床

1.2 钳工的特点

钳工工具简单，操作灵活，可以完成用机械加工不方便或难于完成的工作（如图 1-5 所示）。因此，尽管钳工大部分是手工操作，劳动强度大，但对工人的技术水平却要求高。在机械制造和修配工作中，钳工是必不可少的重要工种之一。

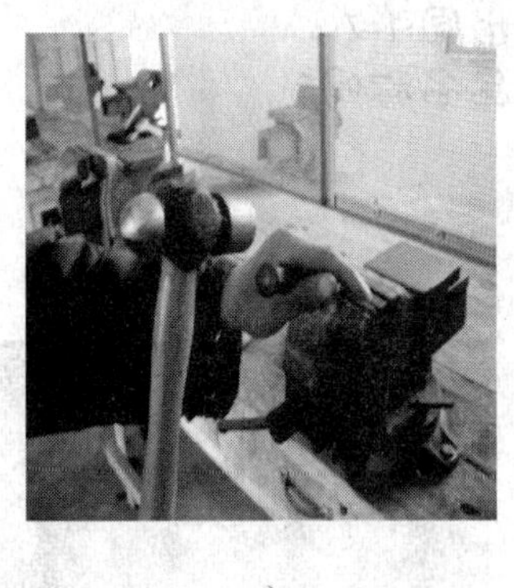

a)

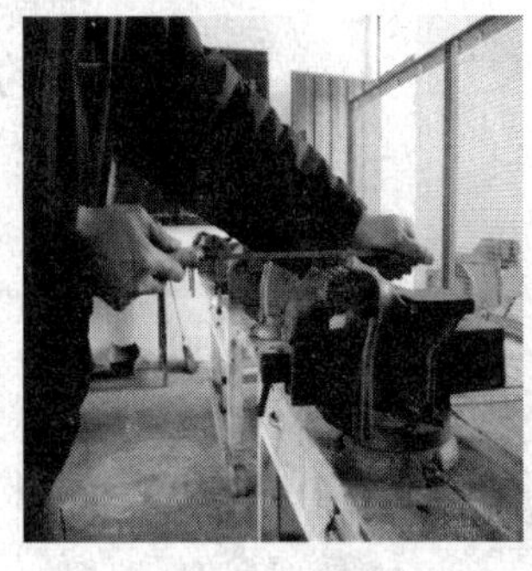

b)

c)

图 1-5 钳工特点展示

1.3 钳工的应用

钳工的应用（如图 1-6 所示）：

(1)进行机械加工前的准备工作，如清理毛坯、在工件上划线等。

(2)在单件小批生产中，制造一般的零件。

(3)加工精密零件（如样板、模具的精加工），刮削或研磨机器、量具的配合表面等。

(4)装配、调整和修理机器等。

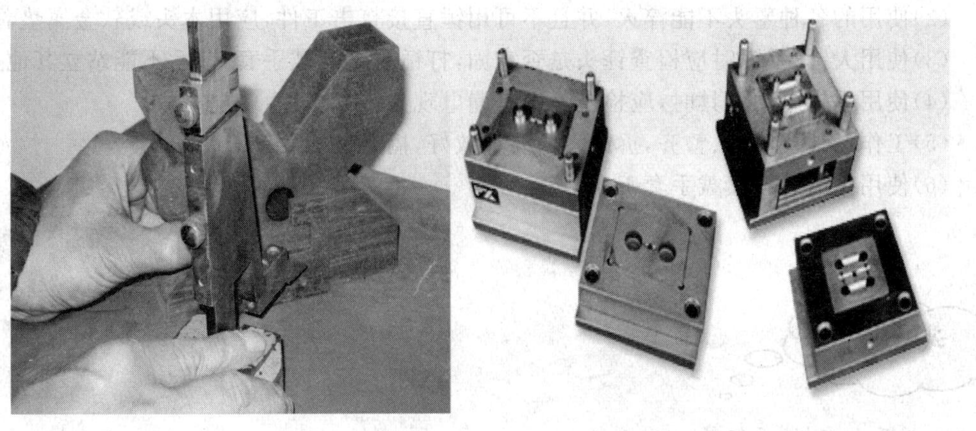

图 1-6 钳工的应用

1.4　钳工的产品

你能说出图 1–7 中的产品名称吗？

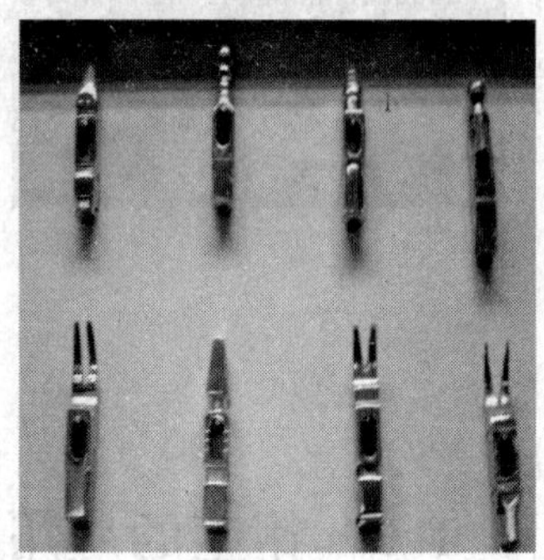

图 1-7　钳工产品

1.5　钳工安全操作规则

(1)工作前应严格检查工具是否完整、可靠，工作单位的安全设施是否齐备牢固。

(2)使用的各种錾头不能淬火，并且不可用锤直接打击工件，应用木头或软金属垫着击。

(3)使用大锤、手锤时应检查锤头是否牢固，打锤时不准戴手套，前后不能站立其他人。

(4)使用手持电动工具时，应检查是否有漏电现象，避免发生触电事故。

(5)工作场地要清洁、整齐，拆卸零件要存放好，搞好文明生产。

(6)使用钻床时严禁戴手套工作。

先拆开台虎钳，再组装。

应知备考

一、填空题

1. 工件的几何形状是由________、________和________构成的。

2. 机床照明的工作电压必须是在________电压范围内，一般采用________V、________V或________V，以确保安全。

3. 台虎钳按其结构可分为________和________两种。

4. 钳工常用设备有______、______、______、______、______、______、______等。

二、选择题

1. 在拧紧圆形或方形布置的成组螺母时，必须(　　)。

A. 对称地进行　B. 从两边开始对称进行　C. 从外自里　D. 无序

2. 装拆内六角螺钉时，使用的工具是(　　)。

A. 套筒扳手　B. 内六方扳手　C. 锁紧扳手　D. 任选

3. 机床设备的电气装置发生故障应由(　　)来排除。

A. 操作者　B. 钳工　C. 维修电工　D. 保管员

4. Z525立钻主轴锥孔为莫式锥度(　　)。

A. 3号　B. 2号　C. 5号　D. 4号

三、问答题

1. 钳工可以分为哪些工种？

2. 钳工操作范围有哪些？

3. 钳工操作人员三大操作安全要素是什么？

4. 如何使用和保管干粉灭火器？

第二章

认识量具

学习目标

1. 了解量具的种类。
2. 正确使用和保养游标卡尺、千分尺和万能量角器。
3. 掌握量具的合理选用及正确操作。
4. 了解游标卡尺和千分尺的结构、原理及读数。

钳工测量重重重，测量马虎会出错
量具种类要记清，测量范围要分清
正确使用是关键，操作规范记心间
认真对待要仔细，差之一丝失千里
钢尺度量长宽高，角尺检验不放松
使用前后应校零，被测零件要擦净
主尺副尺重合线，准确读出分度值
使用完毕须上油，放入盒内干燥处

2.1 量具展示

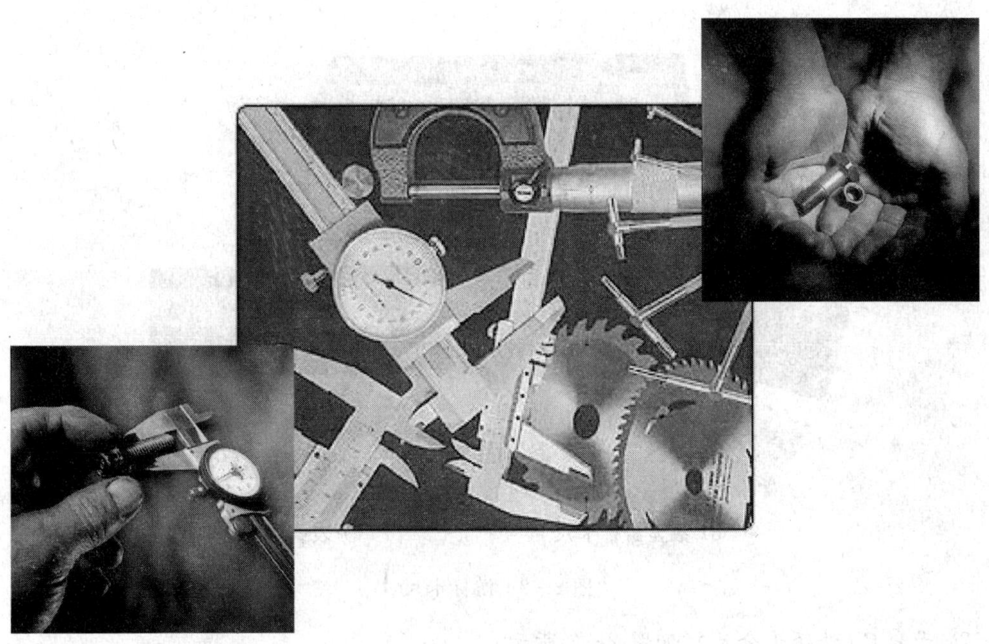

图 2-1 量具展示

阅读材料

量具的有关知识

(1)在生产过程中，用来测量各种工件的尺寸、角度和形状的工具，叫做量具。钳工在制作零件、检修设备、安装和调整工装与夹具等各项工作中，都需要用量具来检查加工的尺寸是否合乎要求。因此，熟悉量具的结构、性能及其使用方法，是技术工人保证产品质量，提高工作效率必须掌握的一项技能。

(2)钳工常用的量具种类很多，其用途和结构也不相同。由于在生产中，对工件的精度要求不同，量具也有不同的精度，一般分为普通量具和精密量具两种。

(3)一般工业上所用的长度计量单位，有公制和英制两种。公制目前已为世界上大多数国家所采用，我国法定计量单位也统一规定采用公制。但有的国家和我国的某些行业中，仍有采用英制的。公制与英制长度单位的换算关系如下：

1 英寸＝25.4 毫米

2.2 常用量具的介绍

1. 游标卡尺(如图 2-2 所示)

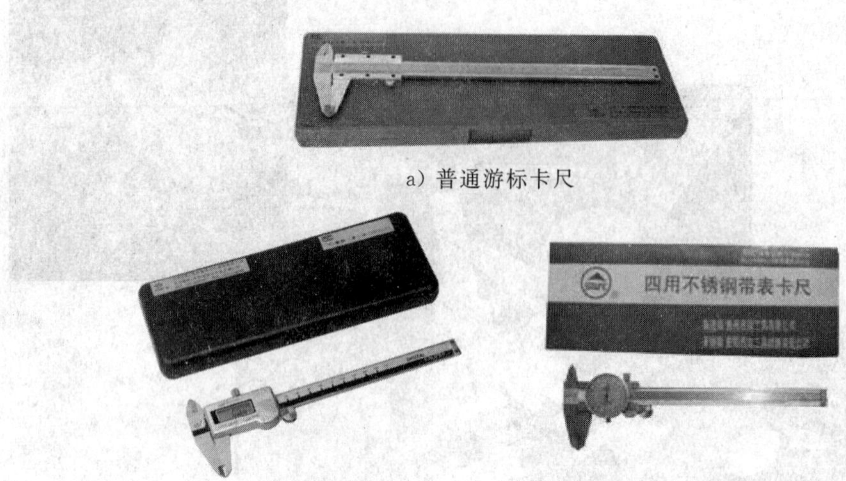

a) 普通游标卡尺

b) 数显游标卡尺　　c) 表式游标卡

图 2-2 游标卡尺

2. 千分尺(外径千分尺)(如图 2-3 所示)

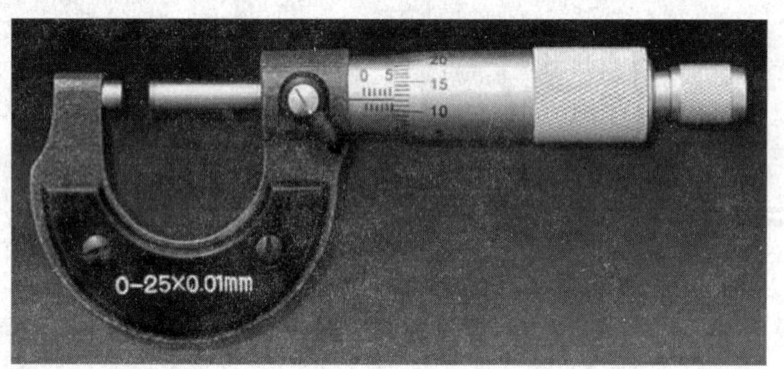

图 2-3 千分尺

3. 百分表(如图 2-4 所示)

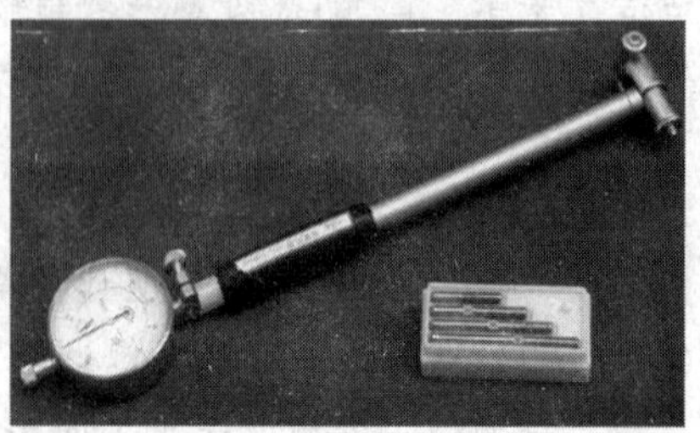

a)普通百分表　　b) 杠杆百分表　　c) 内径百分表

图 2-4 百分表

4. 其他

(1)钢尺

钢尺是度量零件长、宽、高、深及厚等的量具。其测量精度为 0.3～0.5 毫米。钢尺一般有钢板尺(如图 2-7 所示)、钢卷尺(如图 2-8 所示),其刻度一般有英制和公制两种。钢尺的规格根据长度分有 150 毫米、300 毫米、500 毫米、1000 毫米或更长等多种。钢卷尺常用的有 1000 毫米、2000 毫米两种,尺上的最小刻度为 0.5 毫米或 1 毫米。对 0.5 毫米以下的尺寸要用游标卡尺或千分尺等量具测量。

(2)直角尺(弯尺)

直角尺(如图 2-9 所示)一般分整体和组合的两种。整体直角尺是用整块金属制成,而组合直角尺是由尺座和尺苗两部分组成。

直角尺的两边的长短不同,长而薄的一边叫尺苗,短而厚的一边叫尺座。有的直角尺在尺苗上带有尺寸刻度。

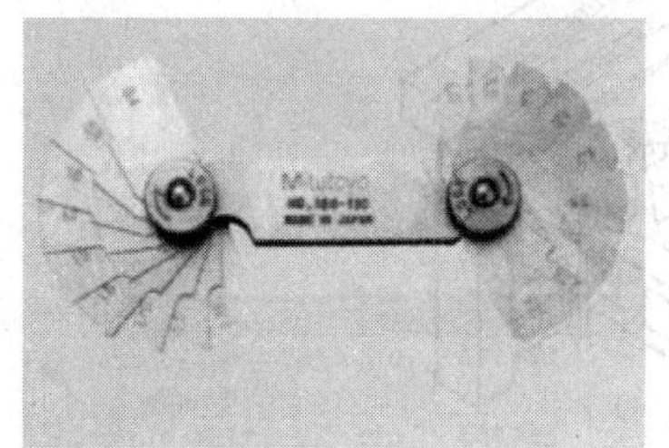

图 2-5 半径

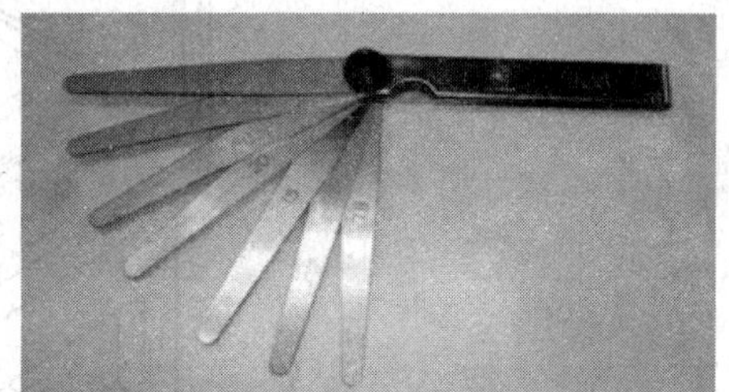

图 2-6 厚薄规

图 2-7 钢板尺

图 2-8 卷尺

图 2-9 直角尺

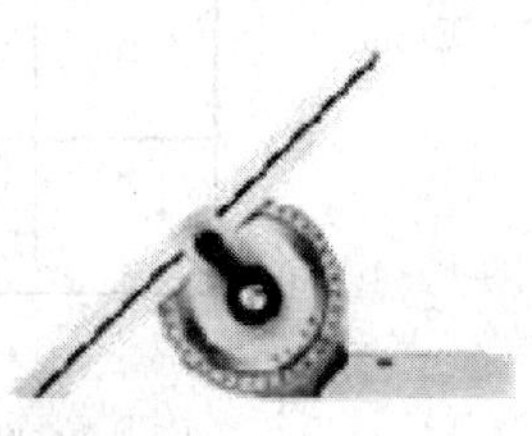

图 2-10 万能角度尺

测量练习

1. 验收图 2-11 中钳工工作台的长、宽、高的尺寸和平直、平行情况，并看是否合格。

2. 检验图 2-12 中的凸模对插件的尺寸并填写表 2-1。（想一想，用什么量具？怎么测量？要敢于尝试哟！）

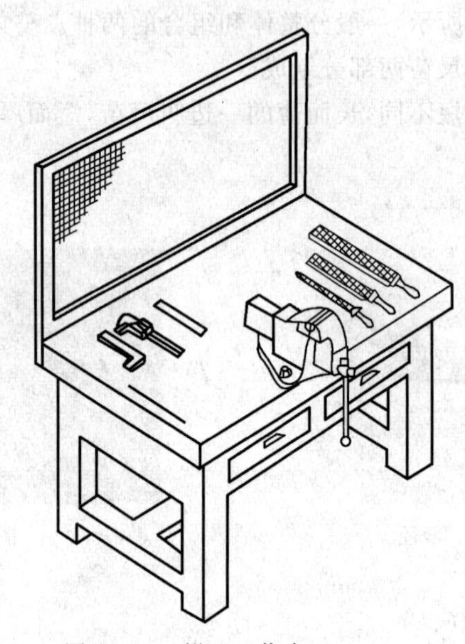

图 2-11　钳工工作台

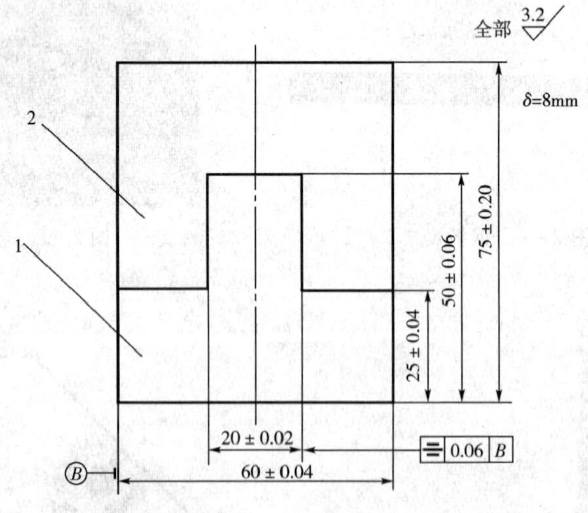

图 2-12　凸模对插件

表 2－1　凸模对插件测量表

检测项目	实际尺寸	超差数值	得分
60±0.04			
20±0.02			
25±0.04			
50±0.06			
75±0.20			

2.3　游标卡尺的结构、原理及读数

1. 游标卡尺的特点

(1)结构简单；

(2)使用方便；

(3)测量范围大(如图 2－13 所示)；

(4)用途广泛；

(5)保养方便。

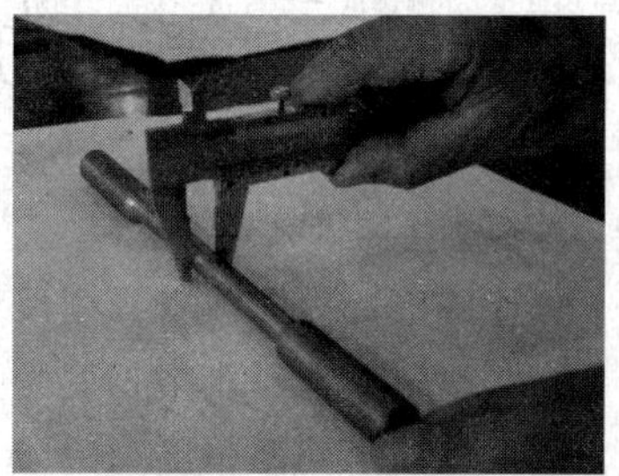

图 2－13　游标卡 尺测量

2. 游标卡尺的应用范围(如图 2－14 所示)

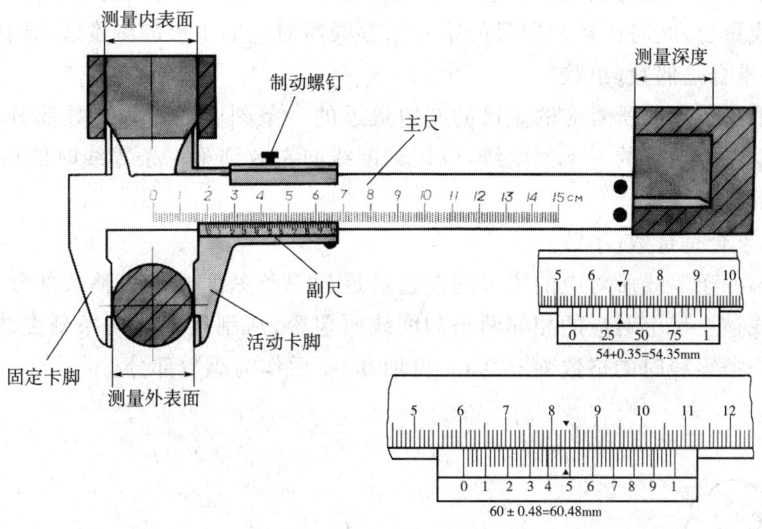

图 2－14　游标卡尺应用

3. 游标卡尺的结构

游标卡尺主要由以下几部分构成(如图 2－15 所示)：

(1)主尺；

(2)副尺(游标尺)；

(3)锁紧螺钉；

(4)深度尺；

(5)内测量爪；

(6)外测量爪。

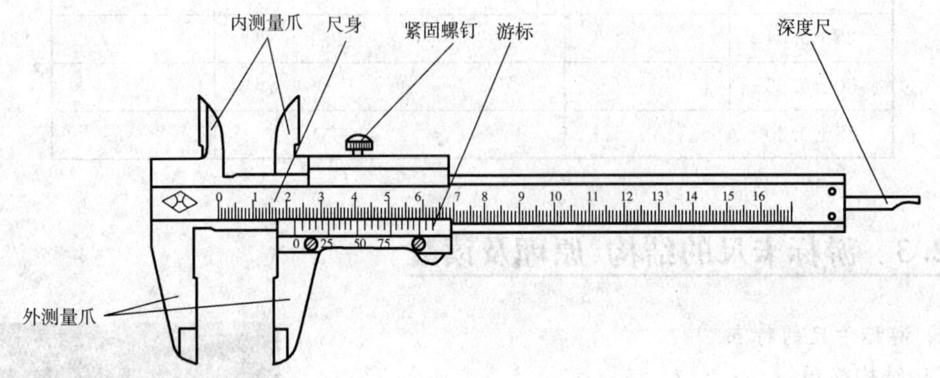

图 2-15 游标卡尺结构

4. 游标卡尺的原理

(1)主尺为 49 小格，副尺为 50 小格。

(2)副尺上每小格长度为：49mm÷50＝0.98mm。

(3)最小测量精度为：1mm－0.98mm＝0.02mm。

5. 游标卡尺的读数

(1)两条重合是整数

副尺的第一条零线与主尺的任意一条刻度线重合并且副尺的最后一条零线与主尺的相应一条刻度线重合，此时读数为副尺的第一条零线所对应的主尺的刻度线，该读数是整数。

(2)一条重合是偶数(小数)

副尺的第一条零线所对应的主尺的左边最近的一条刻度线作为整数部分，并且在副尺上找到与主尺重合最好的一条刻度线，以该刻度线向左数到第一条零线时的格数乘以 0.02 后作为小数部分。

(3)没有重合是奇数(小数)

副尺的第一条零线所对应的主尺的左边最近的一条刻度线作为整数部分，副尺上相邻的两条刻度线被主尺上对应的相邻两条刻度线所包容，从副尺上该两条刻度线的左边一条向左数到第一条零线时的格数乘上 0.02 再加 0.01 后作为小数部分。

用游标卡尺量一量图 2-16 中的零件，看看是否合格，并绘制检验表格。

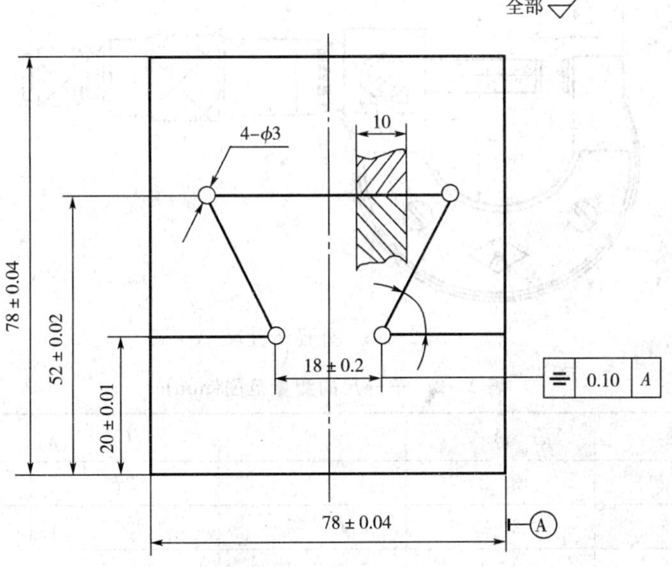

图 2-16　燕尾配合

2.4　千分尺的结构、原理及读数

1. 千分尺的特点（如图 2-17、图 2-18 所示）

(1)测量精度（见表 2-2）比游标卡尺高；

(2)规格种类繁多；

(3)制造难度大。

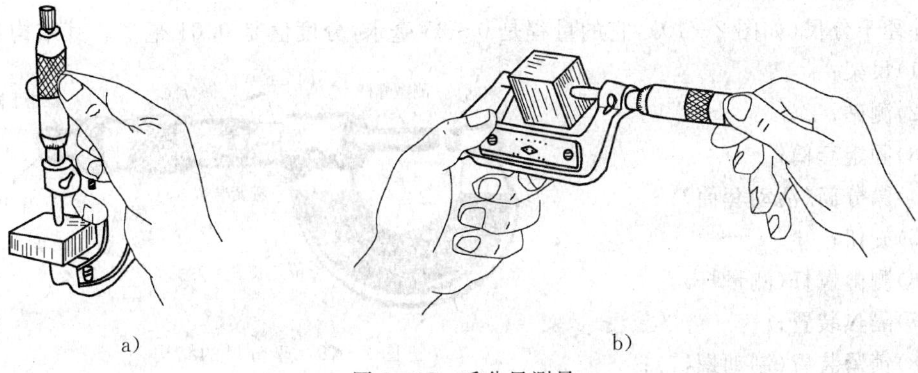

图 2-17　千分尺测量

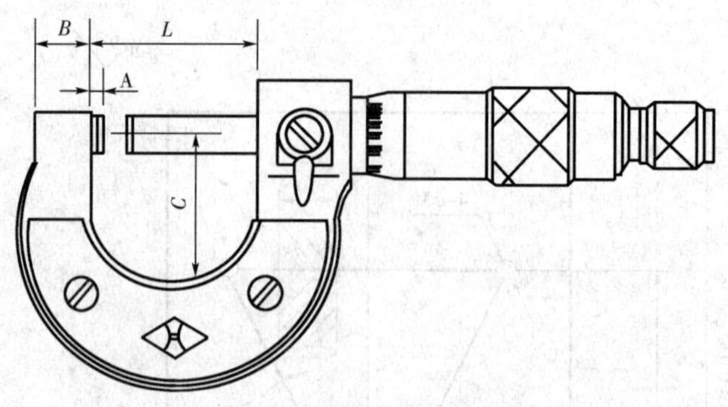

图 2-18　外径千分尺

表 2-2　千分尺的测量范围(mm)

测量范围	A	B	C	L
0～25	3.2	9	27	31
25～50	3.2	10.5	30	56
50～75	3.2	10.5	42.5	81
75～100	3.2	10.5	55	106
100～125	3.2	10.5	67.5	131
125～150	3..2	10.5	80	156
150～175	3.2	10.5	92.5	161
175～200	3.2	10.5	105	206
200～225	3.2	15	125.5	231
225～250	3.2	15	138	256
250～275	3.2	15	150.5	261
275～300	3.2	15	163	306
300～400	12.5	29	217.5	415

2. 千分尺的结构

外径千分尺(如图 2-19),它的量程是 0～25 毫米,分度值是 0.01 毫米。其结构包括:

(1)尺架;

(2)测砧;

(3)固定套筒;

(4)微分筒(活动套筒);

(5)旋钮;

(6)测微螺杆(测量杆);

(7)隔热装置;

(8)锁紧装置(制动螺钉);

(9)测力装置;

(10)棘轮手柄。

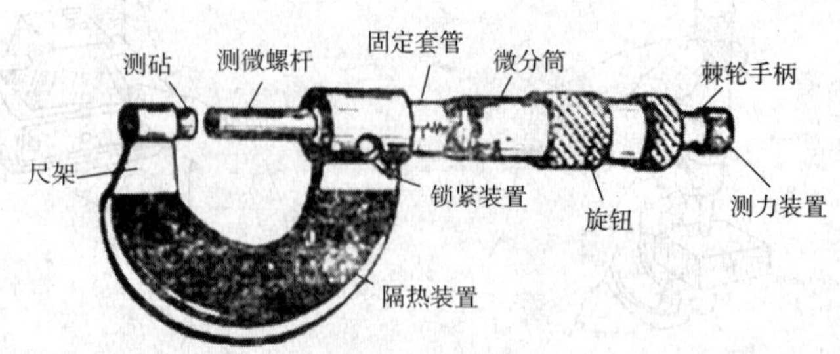

图 2-19　千分尺的结构

3. 千分尺的原理

根据螺旋运动原理，当微分筒(又称可动刻度筒)旋转一周时，测微螺杆前进或后退一个螺距(0.5毫米)。这样，当微分筒旋转一个分度后，它转过了1/50周，这时螺杆沿轴线移动了1/50×0.5毫米=0.01毫米，因此，使用千分尺可以准确读出0.01毫米的数值。

4. 千分尺的读数

(1)读出活动套筒左边端面线在固定套筒上的刻度；

(2)把活动套筒上其中一条刻度线与固定套筒上零基准线对齐，读出刻度是多少；

(3)把以上两个刻度的读数相加。

5. 常用量具的正确使用和保养

(1)游标卡尺的正确使用

①测量前应将游标卡尺擦拭干净，量爪贴合后游标的零线应和尺身的零线对齐；

②测量时，所用的测力应使两量爪刚好接触表面为宜；

③测量时，防止卡尺歪斜；

④在游标上读数时，避免视线误差。

(2)游标卡尺的保养

①不能把量爪当划规、划针及起子使用；

②不要将量具放在强磁场附近；

③不要将量具和工具堆放在一起，以免损伤；

④游标卡尺要水平放置；

⑤要定时计量，不得自行拆装；

⑥使用完毕应擦拭干净并上油后，放入专用盒内保管。

(3)千分尺的正确使用及保养

①使用前应先进行零位校准；

②测量时需把工件被测面擦干净；

③工件较大时应放在V型铁或平板上测量；

④测量前将测量杆和测砧擦拭干净；

⑤拧活动套筒时需用棘轮装置；

⑥不要拧松后盖，以免造成零位线改变；

⑦不要在固定套筒和活动套筒间加入普通机油；

⑧使用完毕，擦净、上油，放入专用盒内置于干燥处。

用千分尺量一量图2-20中的零件，看看是否合格，并绘制检验表格。

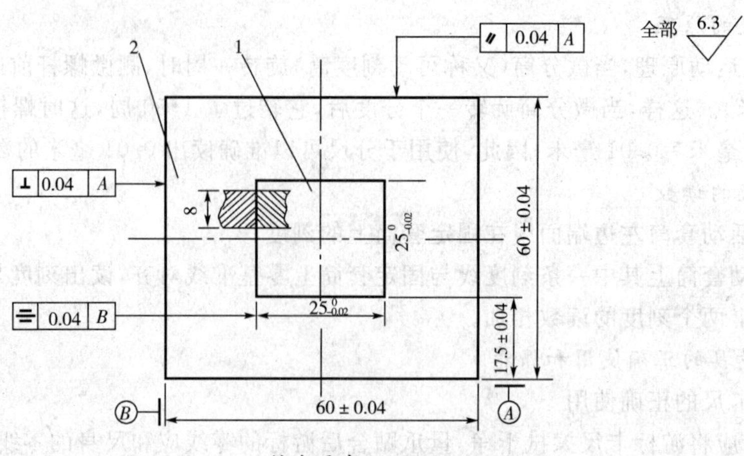

图 2-20 方孔配合件

一、填空题

1. 螺旋测微量具按用途可分为________、________、________，其中________应用最普遍。

2. 内径千分尺测量范围很有限，为扩大范围可采用________的方法。

3. 水平仪的读数方法有________读数法和________读数法。

4. 测量方法的总误差包括________误差和________误差。

5. 游标卡尺的尺身每一格为 1mm，游标共有 50 格，当两量爪并拢时，游标的 50 格正好与尺身的 49 格对齐，则该游标卡尺的读数精度为________mm。

6. 1 英尺等于________英寸。

7. 在生产过程中，用来________的尺寸、角度和形状的工具，叫做________。

8. 公制和英制长度计量单位的换算。

(1)公制中的长度计量单位：

1 米＝________分米。

________分米＝18 厘米

15 厘米＝________毫米

1 毫米＝________微米

(2)英制中的长度计量单位：

2 英尺＝________英寸

1 英寸＝ ________英分

9. 普通量具有：________、________、________、________、________、________。

10. 内径百分表由________和________组成，主要用以测量________及其________。

11. 内径百分表的测量范围有(10～18)mm、________ mm、________ mm、________ mm、________ mm、(160～250)mm、(250～450)mm。

12. 杠杆百分表的分度值为________ mm,测量范围为________ mm。

13. 水平仪的读数方法有________读数法和________读数法。

二、选择题

1. 国家标准规定,机械图样中的尺寸以(　　)为单位。
   A. 毫米　　B. 厘米　　C. 丝米　　D. 英寸
2. 测量误差对加工(　　)
   A. 有影响　　B. 无影响
3. 2 英寸等于(　　)英分。
   A. 8　　B. 16　　C. 20
4. 外径千分尺的活动套转动一格,测微螺杆移动(　　)。
   A. 1mm　　B. 0.1mm　　C. 0.01mm　　D. 0.001mm
5. 通过测量所得的尺寸为(　　)。
   A. 基本尺寸　B. 实际尺寸　C. 极限尺寸　D. 标准尺寸
6. 内径千分尺是通过(　　)把回转运动变为直线运动而进行直线测量的。
   A. 精密螺杆　B. 多头螺杆　C. 梯形螺杆

三、是非题

1. 1 英尺等于 10 英寸。(　　)
2. 1 英寸等于 8 英分。(　　)
3. 测量工件时,游标卡尺可以歪斜。(　　)
4. 在游标卡尺上读数时,要尽量避免视线误差。(　　)

四、简述题

1. 简述读数精度为 0.02mm 的游标卡尺的刻度原理。
2. 零件工作图包括哪些内容?

第三章

锯 削

学习目标

1. 掌握锯的合理选用及正确操作姿势和操作方法。
2. 掌握锯直的关键技术要领。
3. 能准确分析锯操作中常见缺陷的原因。
4. 达到一定的技能操作水平；具备安全文明生产的基本素质。

锯条安装要注意，锯条齿尖必向前
不可过紧或过松，紧松之间自掌握
右握柄左握前端，前进方法要用力
后退方法轻松回，站姿千万要注意
左腿伸直借反力，锯路必须成直线
体心后移复原位，顺势锯割体前倾
接着再做下一回，工件快断用手扶
万万不可伤到人，安全注意要牢记
不可马虎又大意，保证安全无事故

3.1 什么是锯削

锯削(如图 3-1 所示)是指通过人工操作锯弓对原材料进行直线除层的加工方法。

图 3-1 锯削展示

3.2 锯的组成

锯的组成包括:(1)锯弓(如图 3-2 所示);(2)锯条(如图 3-3 所示)。

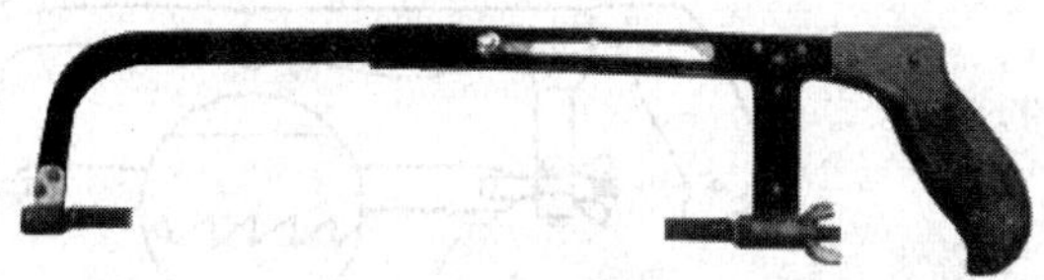

图 3-2 锯弓

图 3-3 锯条

3.3 锯条的分类

锯条(如图 3-4 所示)分为:

(1)粗齿:每 25mm 有 14~16 个齿;

(2)中齿:每 25mm 有 22 个齿;

(3)细齿:每 25mm 有 32 个齿。

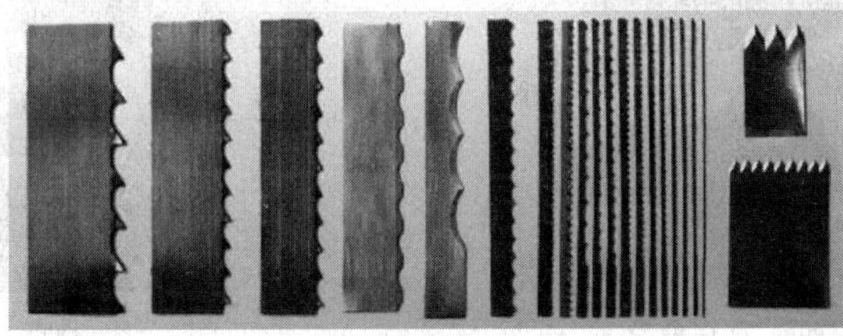

图 3-4 锯条的种类

图 3-5 锯条的选用

3.4 锯条的选用

1. 锯条选用原则

(1)根据被加工工件尺寸精度。

(2)根据加工工件的表面粗糙度。

(3)根据被加工工件的大小。

(4)根据加工工件的材质。

2. 锯条选用条件(见表 3-1)

表 3-1 锯条选用条件

分类	齿距 mm	齿数/25mm	选用条件
粗齿	>1.8	<14	锯割部位较厚、材料较软
中齿	1.1～1.8	14～22	
细齿	<1.1	>22	锯割部位较薄、材料较硬

3.5 锯条的安装

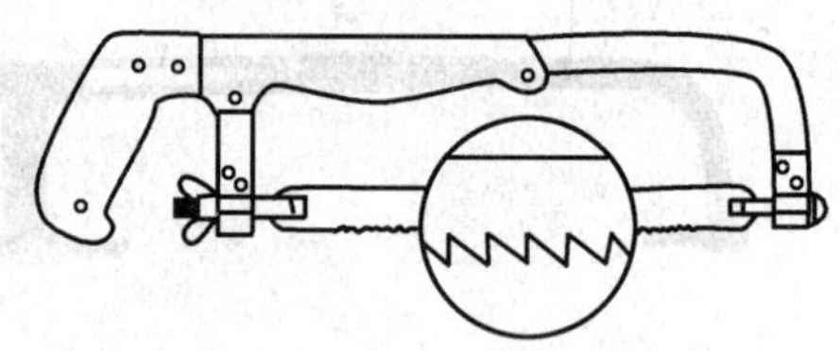
图 3-6 锯条的安装

锯条的安装(如图 3-6 所示)归纳起来有三条:

(1)齿尖朝前;

(2)松紧适中;

(3)锯条无扭曲。

3.6 锯削的操作要领

(1)右手握住锯柄,左手握住锯弓的前端,如图 3-7 所示。

(2)推锯时,身体稍向前倾斜,利用身体的前后摆动,带动手、锯前后运动,如图 3-8 所示。

图 3-7 起锯姿势

图 3-8 推锯

(3)起锯时利用锯条的前端(远起锯)或后端(近起锯),靠在一个面的棱边上起锯。

(4)起锯时,锯条与工件表面倾斜角约为15°左右,最少要有三个齿同时接触工件,如图3-9所示。

(5)为了起锯平稳准确,可用拇指挡住锯条,使锯条保持在正确的位置,如图3-10所示。

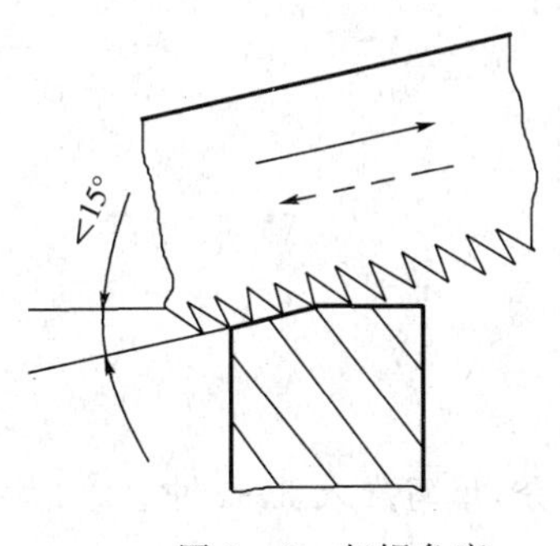

图3-9　起锯角度

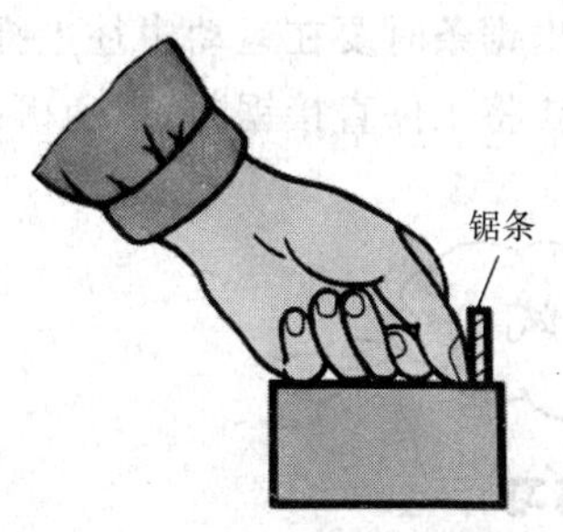

图3-10　引锯

(6)推锯时,给以适当压力;拉锯时应将所给压力取消,以减少对锯齿的磨损,如图3-11所示。

(7)锯割时,应尽量利用锯条的有效长度。

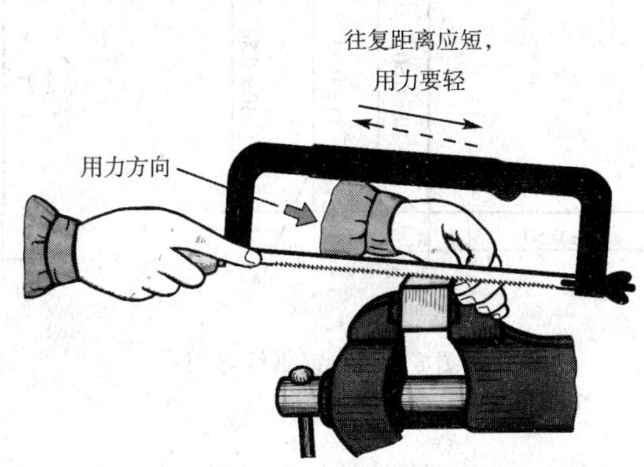

图3-11　锯割运力要领

(8)锯削时应注意推拉频率:对软材料和有色金属材料,频率为每分钟往复50～60次;对普通钢材,频率为每分钟往复30～40次。

(9)锯削分为下运锯和上运锯,如图3-12、图3-13所示

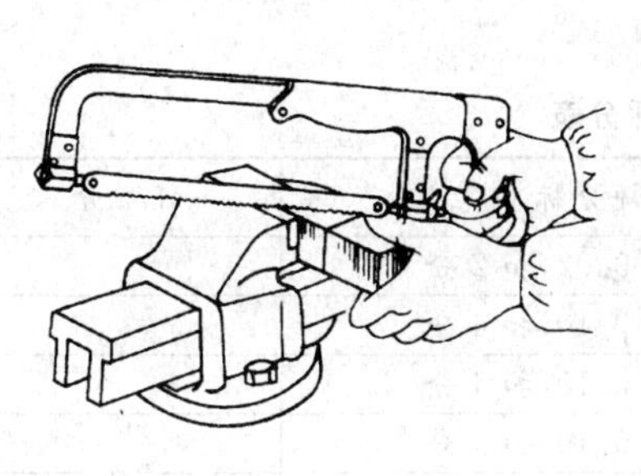

图3-12　下运锯

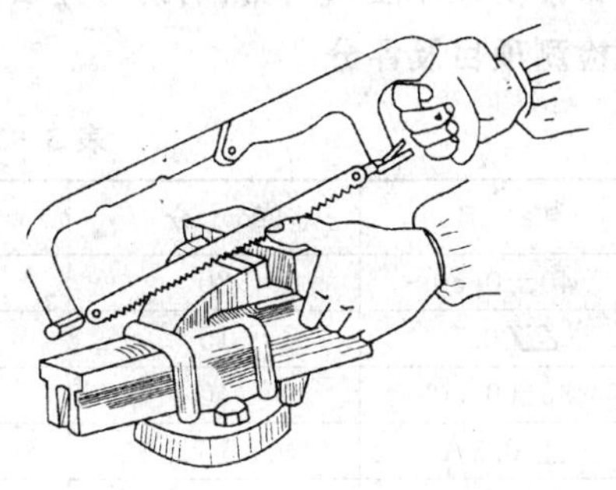

图3-13　上运锯

3.7　锯削操作注意事项

(1)锯削时间过长时要加冷却液；

(2)手不要直接和锯条接触；

(3)取出锯条时要在运动中往上提；

(4)不要将工件直接锯断，以免砸脚。

锯削练习

根据要求加工如图 3－14 所示的零件，并测量评分，填写在表 3－2 中。

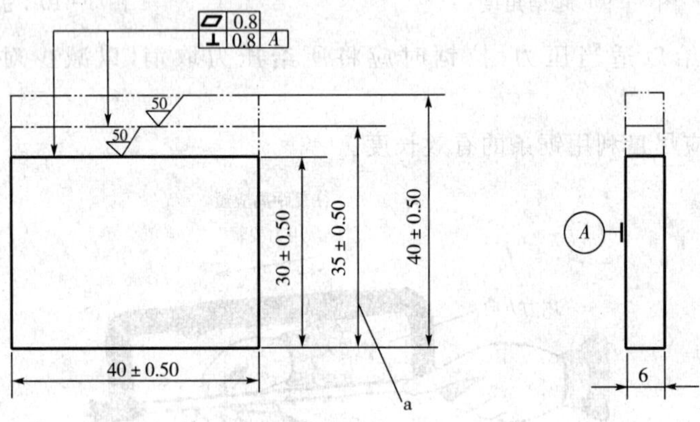

图 3－14　锯割练习图

一、技术要求

(1)锯割姿势正确。

(2)锯痕整齐。

(3)a 处为锯割预备训练尺寸。

(4)保证正确的起锯姿势，努力达到一定的锯割精度。

(5)锯条安装合理，掌握锯削用力方法。

二、检测项目及评分

表 3－2　检查评分表

项　目	配　分	评分标准	评　分
40±0.50	20	超差 0.02，扣 2 分	
▱ 0.8	15	超差 0.10，扣 4 分	
35±0.50	40	超差 0.10，扣 4 分	
⊥ 0.8A	15	超差 0.10，扣 4 分	
R_a50	10	超差全扣	

一、加工工序

(1)毛坯件尺寸为:50×50×6。

(2)按图纸要求划出各锯割线。

(3)分别锯 40±0.5,35±0.5,30±0.5 线。

(4)分组交验(每锯一次送验一次)。

二、注意事项

(1)各尺寸均按上偏差划线。

(2)锯割面不允许修整。

(3)注意工件的夹持及锯条的安装是否正确,注意起锯方法和起锯角度是否正确。

(4)要注意锯缝的平直情况,发现锯缝不平直时要及时纠正。

(5)要注意练习正确的锯割姿势。

(6)锯割速度不易过快,摆动姿势要自然。

(7)锯割完毕后,应将锯弓上翼形螺母适当放松,但不要拆下锯条。

点睛之笔

应知备考

一、填空题

1. 钳工常用的锯条长度是________ mm。
2. 锯条的切削角度:前角________、后角________。
3. 锯割硬材料、管子或薄板零件时,宜选用________锯条。
4. 刀具常用切削材料有________、________和________,其中________的耐热性最好。
5. 工件材料越硬,导热性越低,切削时刀具磨损________。
6. 空间一个物体有六个自由度,即对________、________、________三个坐标的________及绕三个坐标轴的________。

二、选择题

1. 在任何力的作用下,保持大小和形状不变的物体称为(　　)。
   A. 固体　　B. 刚体　　C. 钢件
2. 在空间受到其他物体限制,因而不能沿某些方向运动的物体,称为(　　)。
   A. 自由体　　B. 非自由体
3. 能使物体运动或产生运动趋势的力,称(　　)。
   A. 约束反力　　B. 主动力

三、是非题

1. 用手锯锯断管子时，必须选用粗齿锯条，以加快锯削速度。（　　）
2. 用手锯锯削时，其起锯角应小于 15° 为宜。（　　）
3. 安装锯条时，若装反了则不能进行正常锯削，其主要原因是锯齿的前角变为负值。（　　）
4. 用手锯锯削时，在回行程中也应施加压力，以加快锯削速度，提高工效。（　　）

四、简述题

1. 编写锯削口诀。
2. 锯削过程中应注意哪些安全事项？

第四章

锉　　削

学习目标

1. 掌握锉的合理选用及正确操作姿势。
2. 达到一定的技能操作水平，具备安全文明生产的基本素质。
3. 能准确分析锉操作中常见缺陷的原因。
4. 能准确地测量平面度和垂直度。

两手握锉放件上，左臂小弯横向平
右臂纵向保平行，左手压来右手推
上身倾斜紧跟随，右腿伸直向前倾
重心在左膝弯曲，锉行四三体前停
两臂继续送到头，动作协调节奏准
左腿伸直借反力，体心后移复原位

4.1　什么是锉削

锉削是指通过人工操作锉刀对工件进行表面除层的加工方法(如图 4 - 1 所示)。

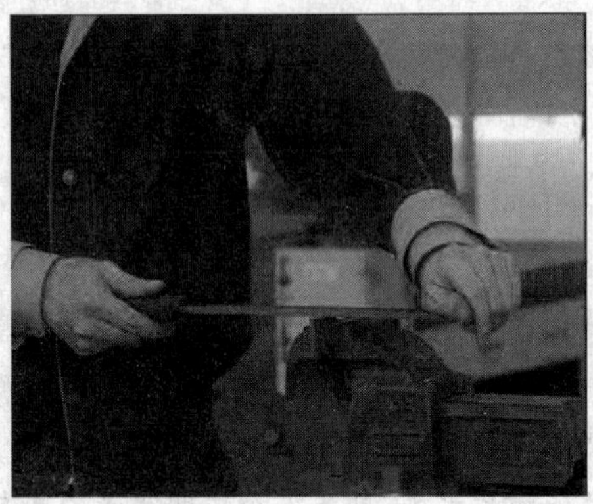

图 4 - 1　锉削展示

4.2　锉刀的组成

锉刀是由碳素工具钢制成,并经淬火的一种切削刃具,它主要由以下两部分组成:
(1)手柄(如图 4 - 2 所示);
(2)锉刀体(如图 4 - 3 所示)。

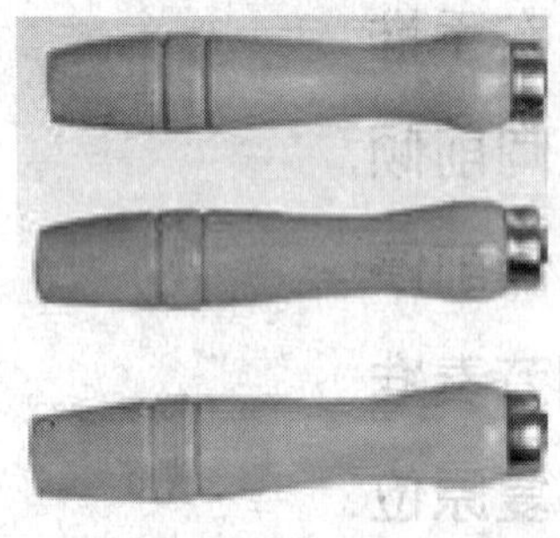

图 4 - 2　锉刀手柄

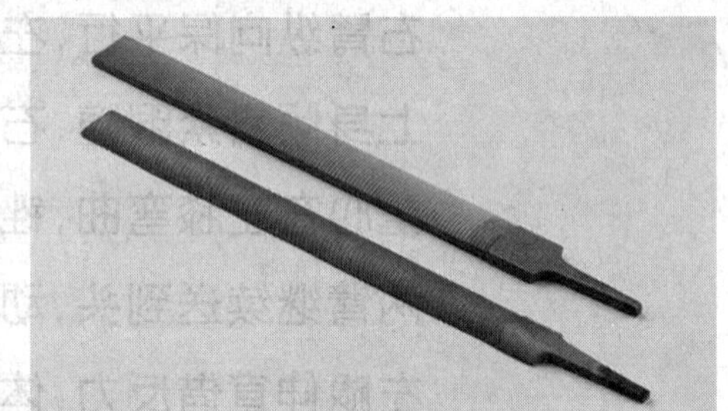

图 4 - 3　锉刀体

4.3　锉刀手柄结构

锉刀手柄结构(如图 4 - 4 所示)。

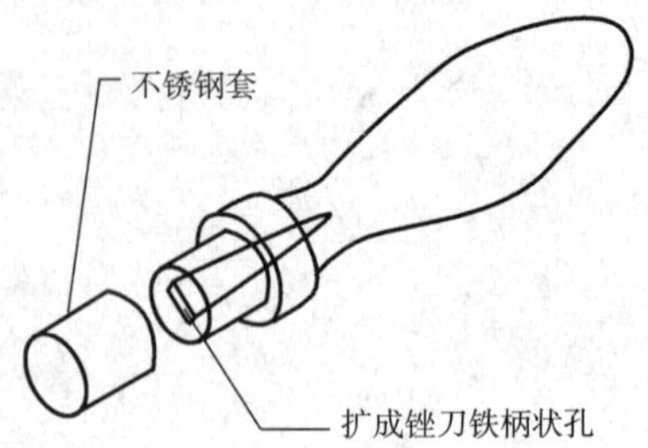

图 4 - 4　锉刀手柄结构图

4.4　锉刀的分类

(1) 从长度分:100mm、150mm、200mm、250mm、300mm、350mm。

(2)从几何形状分：扁平型、圆型、方型、三角型、半圆型。

(3)从齿的粗细分：粗齿、中齿、细齿。

锉刀的种类及应用见表 4－1。

表 4－1 锉刀种类及应用

品 种		外型及截面形状	用 途
钳工锉	扁平锉		锉削平面、外曲面
	方锉	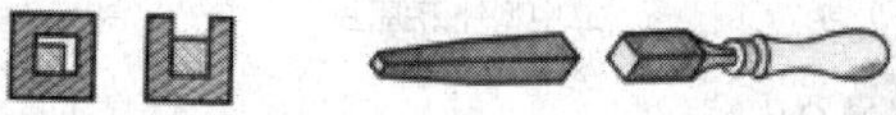	锉削凹槽、方孔
	三角锉		锉三角槽、大于 60 度内角面
	半圆锉	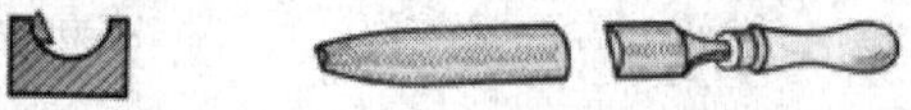	锉削内曲面、大圆孔
	圆锉		锉削圆孔、小半径内圆孔

4.5 锉刀的选用原则

(1)根据被加工工件的尺寸精度。

(2)根据被加工工件的表面粗糙度。

(3)根据被加工工件的几何形状。

(4)根据被加工工件的大小。

(5)根据被加工工件的材质。

4.6 锉削的操作要领

(1)锉刀的握法(如图 4－5 所示)。

(2)锉削的施力变化(如图 4－6 所示)。

(3)锉削速度不可太快也不宜太慢，一般每分钟 30～60 次左右为宜。

(4)锉削时，眼睛要注视锉刀往复运动，观察手部用力是否得当；锉了几次要观察锉削平面是否平整，发现问题应及时纠正。

4.7 锉削加工

1. 用锉刀加工平面

平面加工是锉削中最基本的操作。锉销方法主要有：

(1)顺锉(如图 4-7 所示)。

(2)交叉锉(如图 4-8 所示)。

(3)推锉(如图 4-9 所示)。

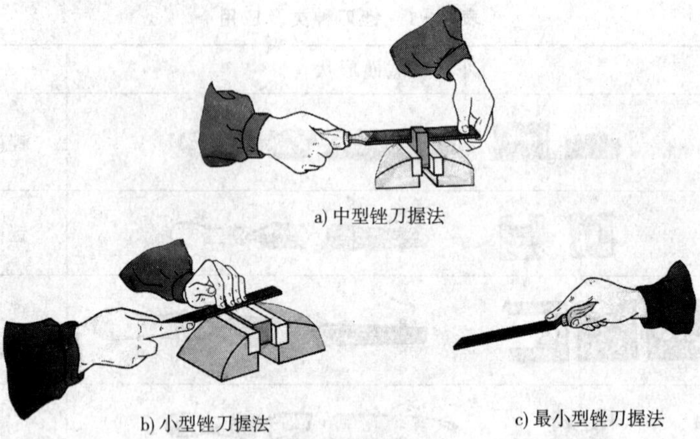

a) 中型锉刀握法
b) 小型锉刀握法
c) 最小型锉刀握法

图 4-5　锉刀握法

a) 起始位置
b) 中间位置
c) 终了位置

图 4-6　锉刀的施力

图 4-7　顺锉

逐次自左向右锉削
第一锉向
第二锉向

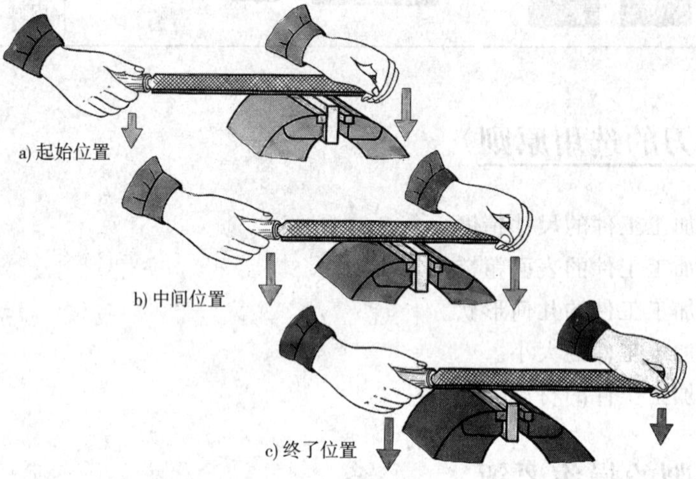

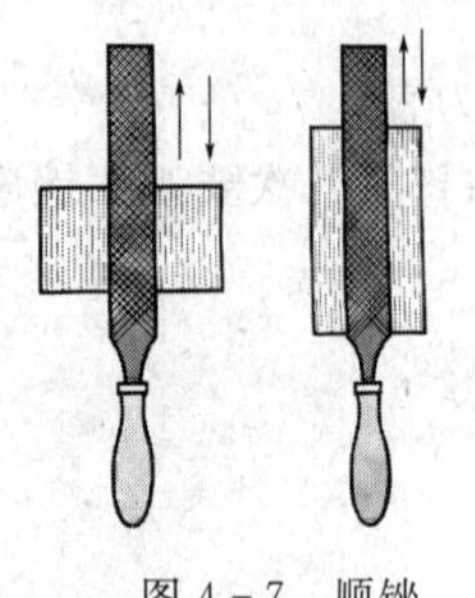

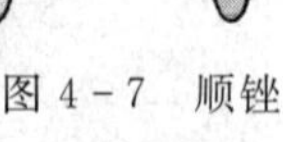

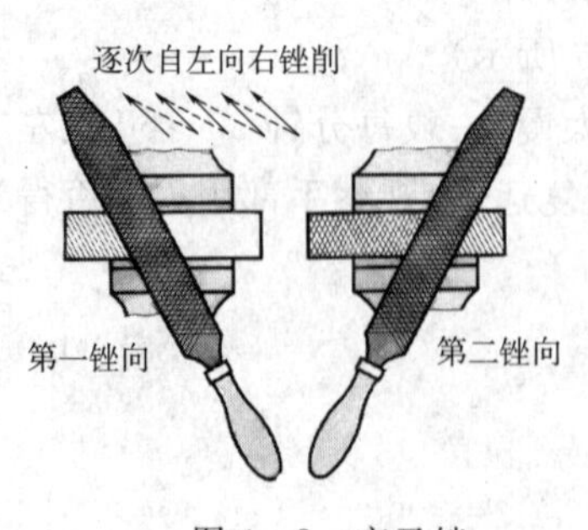

图 4-8　交叉锉

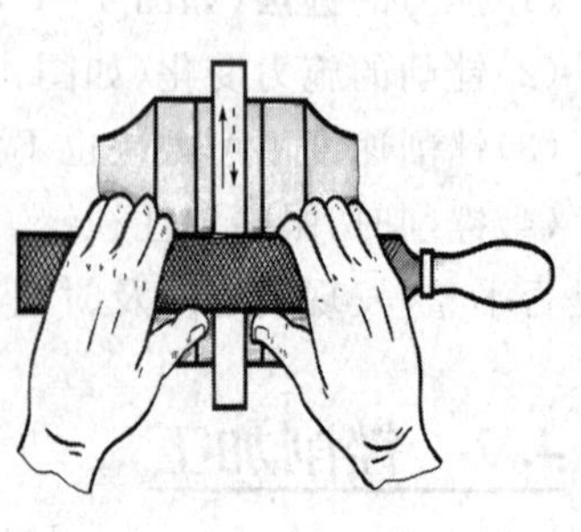

图 4-9　推锉

2. 用锉刀加工曲面

(1)外曲面:横锉、顺锉(如图 4－10 所示);

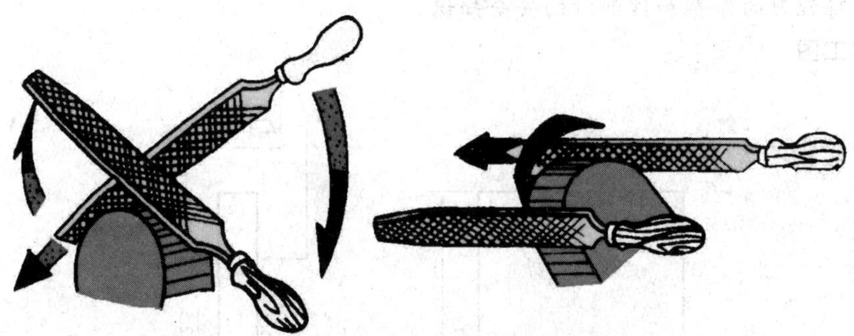

图 4－10 锉外曲面

(2)内曲面:横锉、推锉(如图 4－11 所示)。

图 4－11 锉内曲面

4.8 锉削注意事项

(1)锉刀手柄和锉刀体要连接紧凑。

(2)锉刀上不能沾油和水。

(3)不能将锉刀敲击其他任何物件。

(4)根据加工余量和尺寸精度选择锉齿的粗细。

锉削练习

根据要求加工图 4－12 所示的零件,并测量评分,填写在表 4－2 中。

一、技术要求

(1)端正劳动态度,注意安全保护。

(2)掌握平面锉削时的站立姿势和动作。

(3)懂得锉削时两手用力的方法。

(4)能正确掌握锉削速度。

(5)懂得锉平面的方法要领,并能初步形成锉削平面的技能。

(6)初步掌握刀口形直尺或钢直尺检查平面度的方法。

(7)懂得锉刀的保养和锉削时的安全知识。

二、加工图

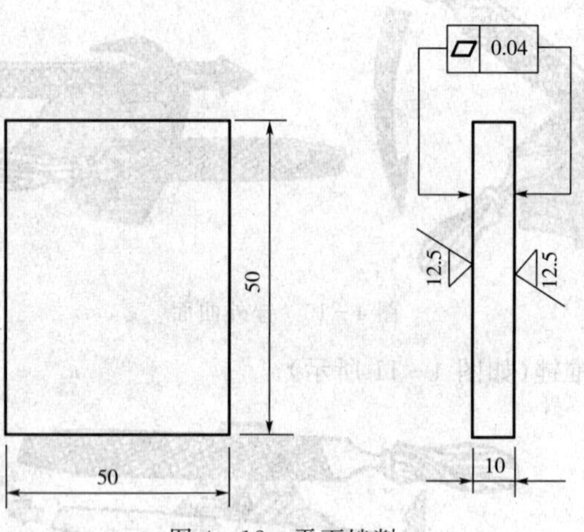

图 4-12　平面锉削

三、检测项目及评分标准

表 4-2

项　目	配　分	评分标准	得　分
▱0.04	70	超差 0.01,扣 20 分	
R_a12.5	20	超差一级扣 15 分	
锉纹美观	10	锉纹呈交叉状	

(1)将工件夹在台虎钳钳口中间,将要加工平面超出钳口面约 5～6mm。

(2)用 300mm 的锉刀锉削,初步掌握锉削方法后再作正常速度练习,要采用交叉锉,最后锉纹为交叉状。

(3)分组练习三次。

点睛之笔

应知备考

一、填空题

1. 平锉刀的规格一般用________部分的长度来表示。

2. 锉削精度可达________ mm。

3. 基本的锉削方法有________、________、________三种。

4. 在切削过程中，工件上形成________、________、________三个表面。

5. 锉刀粗细的选择取决于工件的________、________、________

二、选择题

1. 我国电网的频率是(　　)，习惯称“工频”。

A. f=60Hz　　B. f=50Hz　　C. f=100Hz　　D. f=80Hz

2. 当锉削量较大时，采用(　　)方法效率较快。

A. 顺锉　　B. 交叉锉　　C. 推锉　　D. 其他锉法

3. 用去除材料的方法获得表面粗糙度在图样上只能注(　　)。

A. $\surd$　　B. $\overset{3.2}{\triangledown}$　　C. $\surd$（带圆圈）　　D. $\overset{3.2}{\surd}$（带圆圈）

三、是非题

1. 锉刀的窄边上没有锉纹，其作用是保证在锉削工件内直角的一平面时，不会碰伤另一相邻的侧面。(　　)

2. 粗齿锉纹使用于锉削较硬的材料或加工余量较小的平面。(　　)

3. 锉配的方法是将相配对的一对零件，分别锉到符合图样要求的尺寸。(　　)

4. 单纹锉刀适用于锉削软材料，双纹锉刀适用于锉削较硬的材料。(　　)

5. 锉刀用毕后，应清理锉刀上的切削并涂上油，以防锉刀锈蚀，影响锉刀的锋利。(　　)

6. 切削三要素是切削深度、进给量、切削速度。(　　)

7. 锉削可完成工件各种内外表面及形状较复杂的表面加工。(　　)

四、简述题

1. 锉刀的选用原则。

2. 编写锉削口诀。

3. 如何保养锉刀？

第五章

錾 削

学习目标

1. 掌握錾的正确操作方法。
2. 达到一定的技能操作水平;具备安全文明生产的基本素质。
3. 掌握好錾用力等关键技术要领。
4. 能准确分析錾操作中常见缺陷的原因。

肘收臂提举锤过肩,手腕后弓三指微松

锤面朝天稍停瞬间,目视錾刃肘臂齐下

收紧五指手腕加力,挥锤收锤皆成弧线

左脚着力右腿伸直,动作协调稳准快狠

5.1　什么是錾削

图 5-1　錾削展示

錾削是指人操作手锤敲击錾子对金属进行切削加工的操作(如图 5-1 所示)。目前錾削一般用来錾掉锻件的飞边、铸件的毛刺和浇冒口,錾掉配合件凸出的错位、边缘及多余的一层金属,分割板料和錾切油槽等。

錾削用的工具,主要是手锤和錾子。

錾子是最简单的一种刀具。

5.2　錾子的分类

(1)扁平錾(如图 5-2 所示)

(2)尖錾(如图 5-3 所示)

(3)油槽錾(如图 5-4 所示)

图 5-2　扁平錾

图 5-3　尖錾

图 5-4　油槽錾

5.3　錾子的选用

(1)加工板材用平錾

(2)加工窄小平面用尖錾

(3)加工油槽用油槽錾

5.4　錾削操作要领

(1)錾子的握法包括:正握法(如图 5-5 所示)、反握法(如图 5-6 所示)和立握法(如图 5-7 所示)

(2)錾削的姿势及手锤握法(如图 5-8 所示)

①先检查錾口是否有裂纹。

②检查锤子手柄是否有裂纹,锤子与手柄是否有松动。

③不要正面对人操作。

④錾头不能有毛刺。

⑤操作时不能戴手套,以免打滑。

⑥錾削临近终了时要减力锤击,以免用力过猛伤手。

⑦在敲击过程中,手指握锤子的方法有两种:紧握法是五个手指从举起锤子至敲击都保持不变。松握法是在举起锤子时小指、无名指和中指依次放松,敲击时再依次收紧。

⑧挥锤方法:腕挥,肘挥和臂挥。

⑨錾削姿势:左脚超前半步,两腿自然站立,人体重心稍微偏于后脚,视线要落在工件的切削部位。挥锤錾削要用力适宜,打击要准、稳、狠。

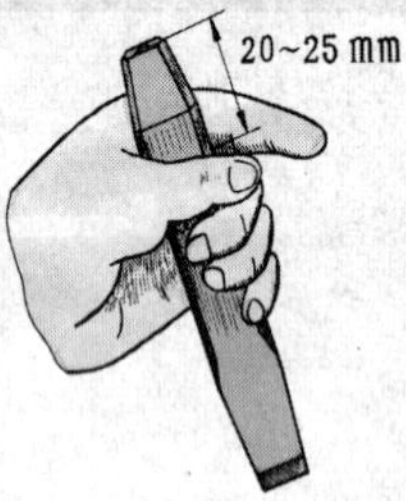

图 5-5 正握法 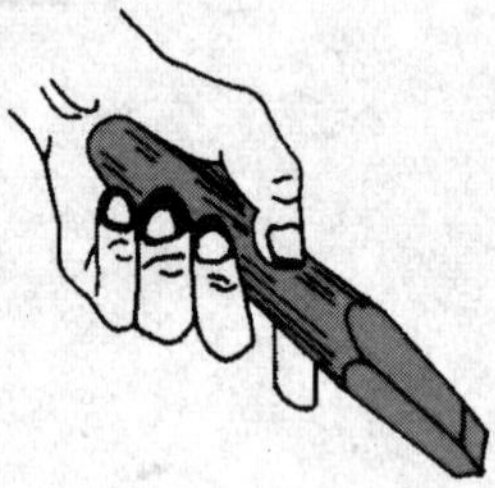　　图 5-6 反握法 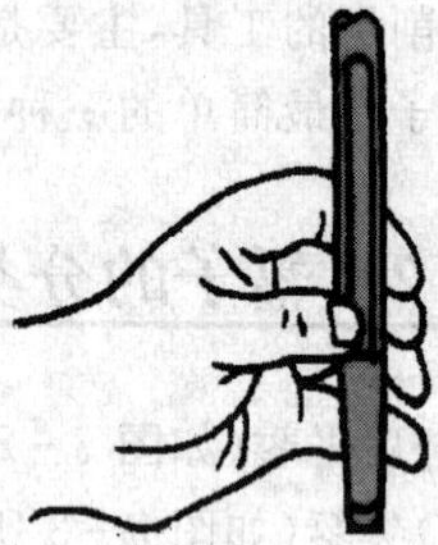　　图 5-7 立握法

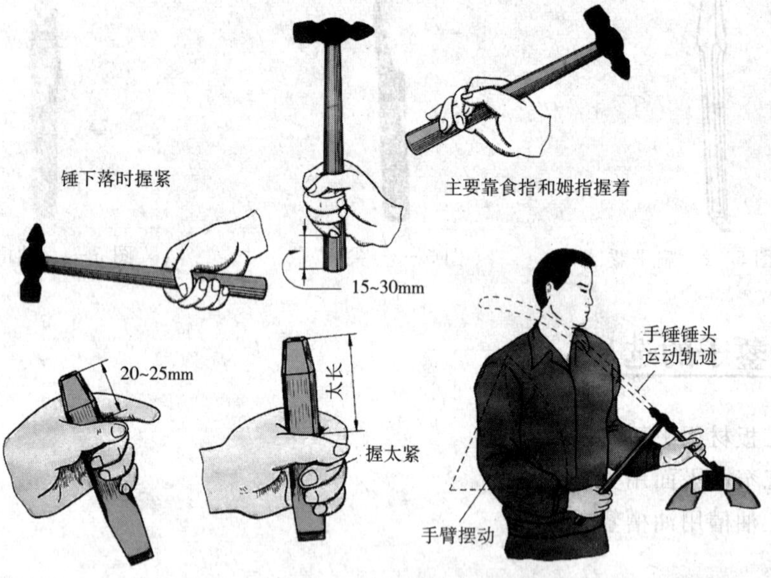

图 5-8 錾子和手锤的握法、錾削姿势

錾削练习

根据要求加工图 5-9、图 5-10 中所示的零件,并测量评分,填写在表 4-2 中。

一、技术要求

(1)将"呆錾子"夹紧在台虎钳中作锤击练习。首先左手不握錾子做 1 小时挥锤练习,然

后再握錾做 1.5 小时挥锤练习。要求采用松握法挥锤，达到站立位置和挥锤的姿势动作基本正确，有较高的击中率。

(2)将长方铁坯件(如图 5－11 所示)夹紧在台虎钳中，下面垫好木垫，用无刃口錾子对着凸肩部分进行模拟錾削的姿势练习。统一采用正握法握錾，松握法挥锤。要求站立位置、握錾方法和挥锤的姿势动作正确，锤击量逐步加强。

(3)在达到握錾、挥锤的姿势动作和锤击的力量能适应进入实际的錾削练习时，进一步用已刃磨的錾子，把长方铁的凸台錾平。

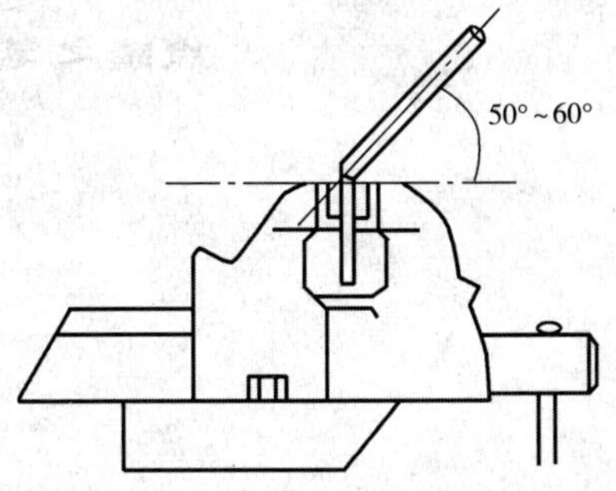

图 5－9 对“呆錾子”进行锤击练习

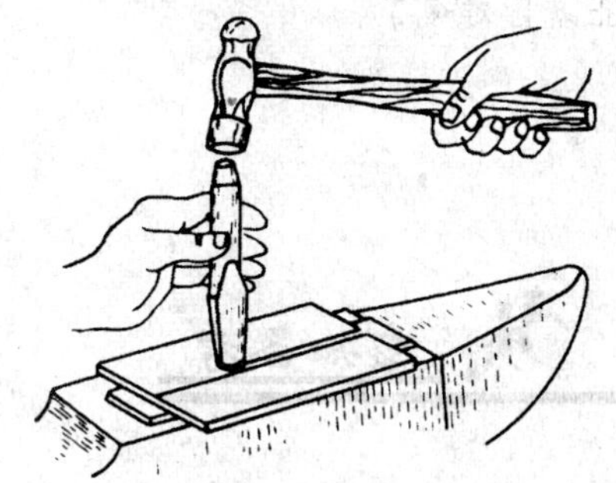

图 5－10 用无刃口錾子进行模拟錾削练习

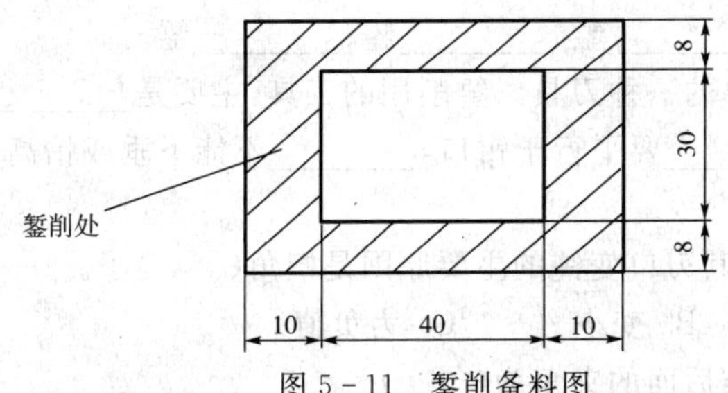

图 5－11 錾削备料图

二、錾削练习评分表

錾削练习评分表

项 次	项目与技术要求	实测记录	单次配分	得 分
1	尺寸正确		12	
2	站立位置和身体姿势正确、自然		12	
3	挥錾正确、自然		12	
4	錾削角度掌握稳定		10	
5	握锤与挥锤动作正确		12	
6	錾削时视线方向正确		10	
7	挥锤、锤击稳健有力		12	
8	锤击落点正确		12	
9	安全文明生产		8	

(1)要正确使用台虎钳,工件要夹紧在钳口中央。

(2)握錾时要自然,要握正握稳,其倾斜角始终保持在35°左右。视线要对着工件的錾削部位,不可对着錾子的锤头部位,为使锤击时的手锤落点准确,要掌握和控制好手的运动轨迹及位置。

(3)握錾时,前臂要平行于钳口,肘部不能下垂或抬高。

(4)要及时纠正错误姿势,不能让错误姿势养成习惯,否则以后再纠正就困难多了。

点睛之笔

应知备考

一、填空题

1. 刀具常用切削材料有________、________和________,其中________的耐热性最好。
2. 錾子可分为________錾、________錾、________錾。
3. 錾子是最简单的一种刀具。錾削用的工具,主要是________、________。
4. 握錾时,________要平行于钳口,________不能下垂或抬高。

二、选择题

1. 錾子用久后,其刃口变钝的主要原因是楔角( )了。

   A. 变大　B. 变小　C. 为负值

2. 錾子的前面与后面的夹角为( )。

   A. 前角　B. 后角　C. 楔角　D. 切削刃

3. 錾子的后面与切削平面之间的夹角为( )。

   A. 前角　B. 后角　C. 楔角　D. 切削刃

4. 錾子的前面与( )之间的夹角为前角。

   A. 切削平面　B. 基面　C. 待加工面

5. 通过切削刃并与切削表面相切的平面为( )。

   A. 切削平面　B. 基面　C. 前面　D. 后面

三、是非题

1. 錾子在刃磨时,其切削刃应低于砂轮轴线,否则会出事故。( )
2. 錾子前角的作用是减小切削的变形和使切削轻快。( )
3. 錾子后角的作用是减小后面与切削表面之间的摩擦,并使錾削容易切入材料。( )
4. 因錾子的硬度高于工件材料的硬度,故不论錾削哪种材料,都应把錾子的楔角磨得小一些,以提高錾削速度。( )

5. 錾子后角的作用是减小后刀面与工件切削面之间的磨擦，引导錾子顺利錾削。 ( )

6. 錾子前角的作用是减小切削变形，使切削较快。 ( )

四、简述题

1. 选取什么材料作錾子？对其热处理有何要求？

2. 简述錾削时的安全注意事项。

3. 编写錾削口诀。

第六章

划 线

学习目标

1. 了解划线在机械加工中的作用和地位。
2. 熟悉划线所需要的基本工具和量具。
3. 掌握基本的划线方法。
4. 掌握划线基准的选择。
5. 掌握划线步骤的安排技巧
6. 制定出工件的加工工艺
7. 知道平面划线和立体划线的区别

划线平稳要仔细，尺寸方法要注意
不要忙画无视图，划线必须看图纸
划线必须用尺子，划针完毕套软管
划线盘具放平行，保证平行无差错
划规尺度要注意，划圆等分要常练
不准粗心又大意，认真检查最关键
打样冲眼定标记，划出圆滑清晰线

6.1 划线的作用

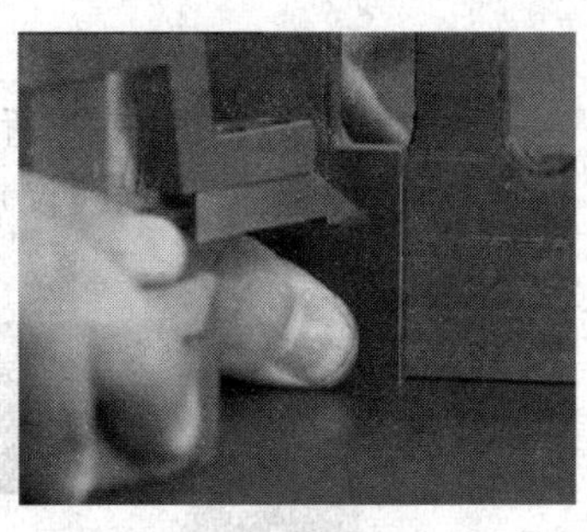

图 6-1 画线展示

钳工操作中划线(如图 6-1、图 6-2 所示)的作用如下：

(1)给加工者明确的标记和参考依据；

(2)检查毛坯和上道工序的尺寸大小；

(3)合理分配加工余量。

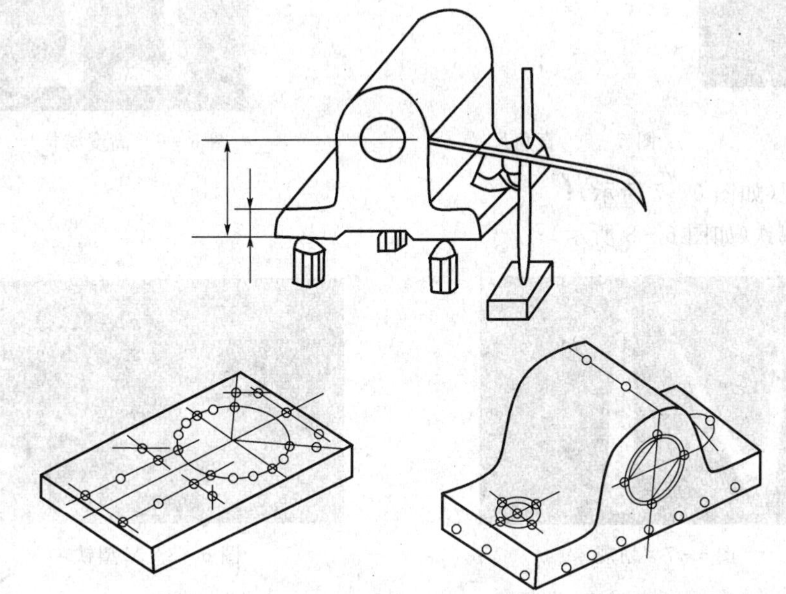

图 6-2 高度尺和划线盘划线

6.2 常用的划线工具

常用的划线工具有：

(1)划线平台(如图 6-3 所示)；

(2)划针(如图 6-4 所示)；

图 6-3 划线平台

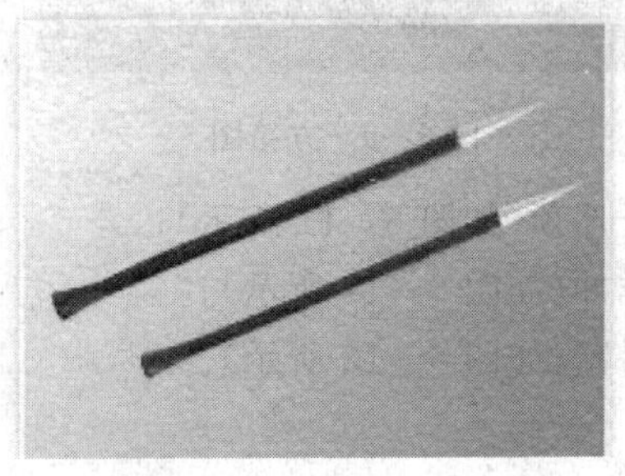

图 6-4 划线针

(3)划针盘；
(4)直角尺(如图 6－5 所示)；
(5)高度游标尺(划线仪)(如图 6－6 所示)；

图 6－5　直角尺

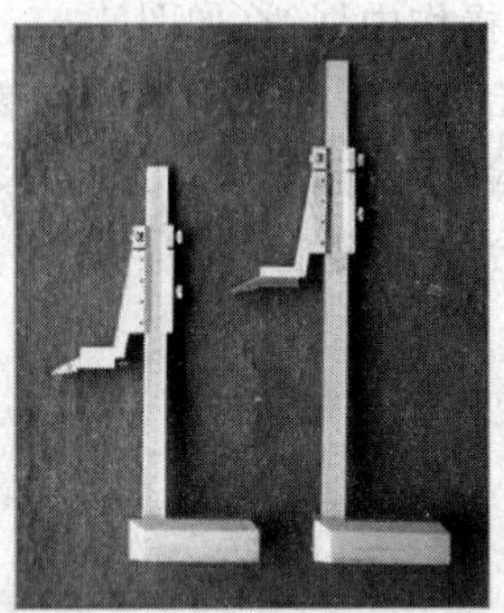

图 6－6　高度游标尺

(6)划规(如图 6－7 所示)；
(7)V 型铁(如图 6－8 所示)；

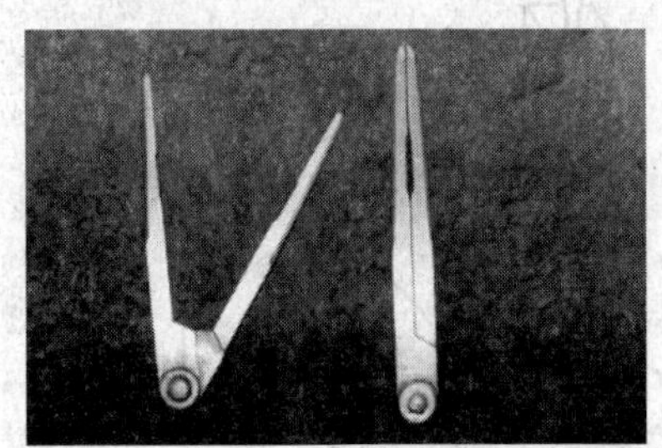

图 6－7　划规

图 6－8　V 型铁

(8)方箱(如图 6－9 所示)；
(9)万能分度头(如图 6－10 所示)；

图 6－9　方箱图

图 6－10　万能分度头

(10)千斤顶(如图 6－11 所示)；
(11)样冲(如图 6－12 所示)；
(12)手锤(如图 6－13 所示)。

图 6-11 千斤顶

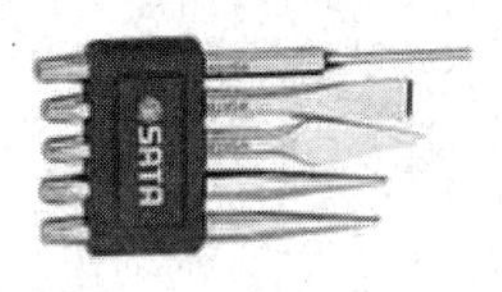

图 6-12 样冲

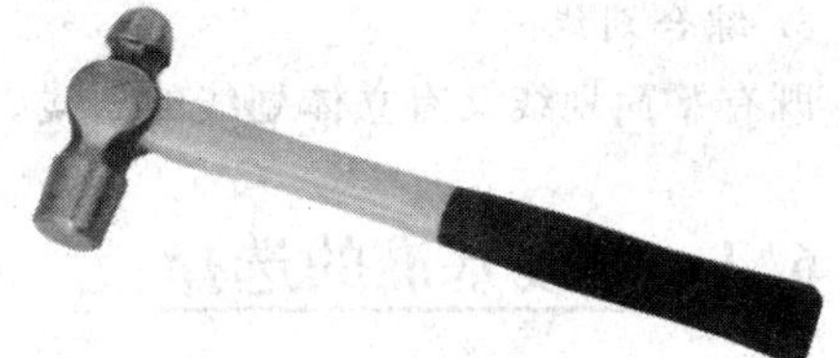

图 6-13 手锤

6.3 划线的种类

1. 立体划线(如图 6-14 所示)

同时要在工件的几个不同表面(通常是相互垂直并反映该工件三个方向尺寸的表面)上划线,才能反映出该工件的加工尺寸界限。

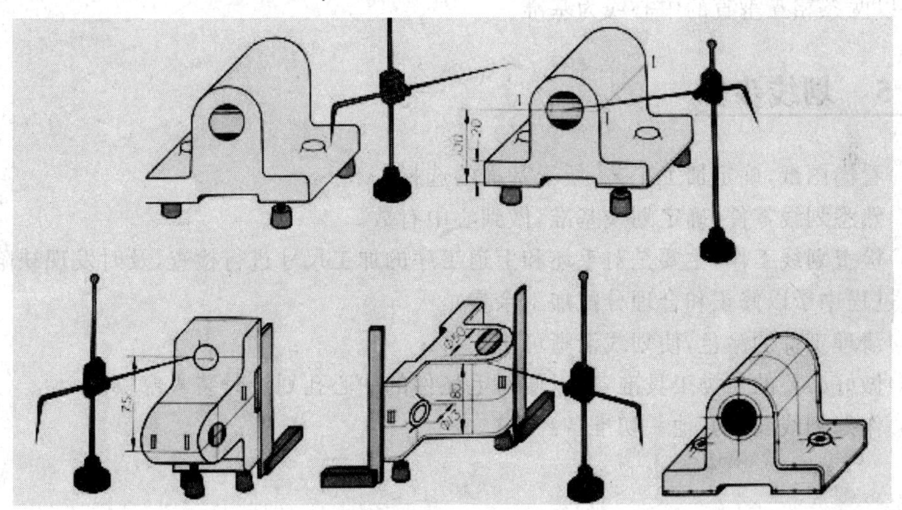

图 6-14 立体划线展示

2. 平面划线(如图 6-15 所示)

在工件的一个表面上划线,就能明确反映出该工件的加工尺寸界限。

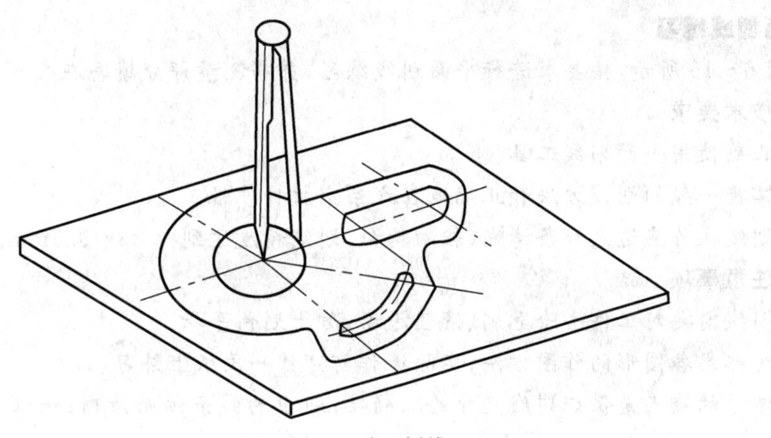

图 6-15 平面划线

3. 综合划线

既有平面划线又有立体划线的划线。

6.4　划线基准的选择

(1)先在工件上确定一个或几个平面、直线或点作为依据，而这些作为依据的点、线、面就是划线基准。

(2)基准选择的正确与否是划线的关键。

(3)划线基准选择应根据图纸所标注的尺寸界限、工件的几何形状大小及尺寸的精度高低或重要程度。其基本原则是：

①以两相互垂直的平面或直线为基准；

②以一个平面或一条直线和一条中心线为基准；

③以两条相互垂直的中心线为基准。

6.5　划线步骤

(1)看懂图纸，确定加工工艺，便于基准的选择。

(2)熟悉划线零件，确定划线基准，做到心中有数。

(3)检查划线工作，主要是对毛坯和上道工序的加工尺寸进行检查，及时发现缺陷，以便在划线过程中予以修正和合理分配加工余量。

(4)清理工件的涂色，使划线清晰可辨。

(5)做好必要的二类工具准备，以便对毛坯件的中心孔划线时装入塞块。

(6)作好划线前的其他一切准备。

平面划线练习

如图 6-16 所示，按要求进行平面划线练习，并将测量评分填写在表 6-2 中。

一、技术要求

(1)正确使用平面划线工具。

(2)掌握一般的划线方法和正确地在线条上打样冲眼。

(3)划线操作应达到线条清晰、粗细均匀，划线精度达到 0.25～0.5mm。

二、注意事项

(1)划线前要对工件去除毛刺、清理污垢，防止划伤手指。

(2)为熟悉各图形的作图方法，实际操作前可作一次纸上练习。

(3)学习的重点是保证划线尺寸的准确性；划出的线条细而清晰；保证打样冲眼的准确性。

(4)工具要合理放置。要把左手用的工具放在作业件的左面,右手用的工具放在作业件的右面,并要整齐、稳妥。

(5)任何工件在划线后,都必须做一次仔细的复查校对工作,避免差错。

三、生产实习图

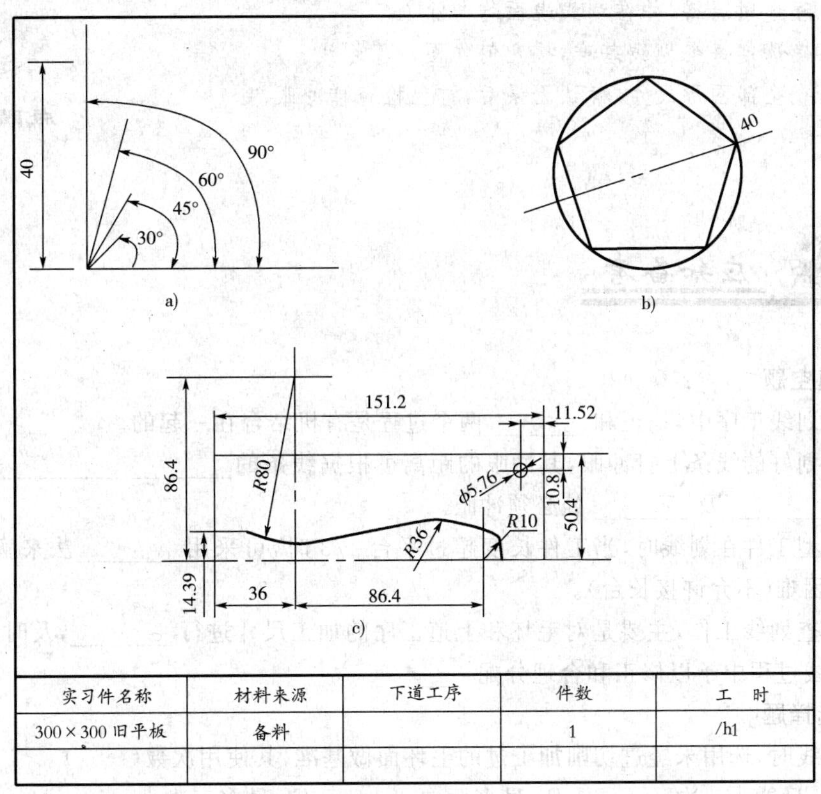

实习件名称	材料来源	下道工序	件数	工　时
300×300 旧平板	备料		1	/h1

图 6-16　划线训练图

四、平面划线的评分见表

表 6-2　平面划线评分表

项　次	项目与技术要求	实测记录	配　分	得　分
1	涂色薄而均匀		5	
2	图形及其排列位置正确		12	
3	线条清晰无重线		10	
4	尺寸及线条位置公差±0.3mm		20	
5	各圆弧连接圆滑		12	
6	冲眼位置公差 $R0.3$mm		16	
7	检验样冲眼分布合理		10	
8	使用工具正确、操作姿势正确		10	
9	安全文明生产		5	

检查毛坯材料以及外形尺寸是否合格，正确安放工件和工具。使用的量具和辅助工具有钢直尺、划针、划规、样冲、手锤等。

(1)看懂各图样，根据各图样轮廓大小合理安排图形位置。

(2)合理选用涂料，并在划线表面均匀涂刷。

(3)正确选定每个划线基准，按几何作图步骤划线。

(4)检查全部图形尺寸，确认无误后，打上检查样冲眼。

点睛之笔

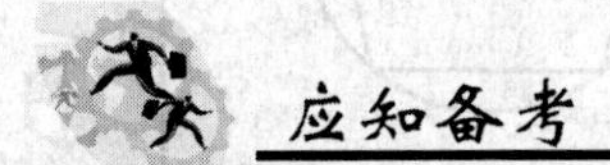

应知备考

一、填空题

1. 在划线工序中，找正和________两个过程是有机结合在一起的。

2. 在划好的线条上打冲眼，其冲眼的距离可根据线条的________、________来决定，而在线条的________及________处必须冲眼。

3. 大型工件在划线时，当工件长度超过平台 1/3 时，可采用________法来解决缺乏大型平台的困难（不允许接长台）。

4. 检查划线工作，主要是对毛坯和上道工序的加工尺寸进行________，及时发现缺陷，以便在划线过程中予以修正和合理分配________

二、选择题

1. 划线时，选用未经过切削加工过的毛坯面做基准，其使用次数(　　)

   A. 只能为一次　　B. 最多两次　　C. 最多三次

2. 划线时，找正的目的不仅是使加工表面与不加工表面之间保持尺寸均匀，同时还可使各加工表面的加工余量能(　　)

   A. 增加　　B. 减少　　C. 合理、均匀的分布

3. 基准就是零件上用来确定生产对象上几何要素间几何关系的(　　)

   A. 尺寸　　B. 中心　　C. 依据

4. 用分度头划线，在调整分度叉时，如果分度手柄要转过 32 孔距数，则两叉脚间就有(　　)个孔。

   A. 31　　B. 32　　C. 33

5. 一般划线钻孔的精度是(　　)mm

   A. 0.02～0.05　　B. 0.1～0.25　　C. 0.25～0.5

三、是非题

1. 简单形状的划线称为平面划线，复杂形状的划线称为立体划线。(　　)

2. 在毛坯上划线，既是为了划下道工序加工线，也是为了检验毛坯是否合格。当毛坯误差不太大时，可通过借料予以补救。(　　)

3. 在毛坯上划线时，应以待加工表面为主要划线基准。(　　)

4. 对于形状对称的毛坯，如果待加工毛坯孔的轴线与外廓发生偏移时，都可以通过划线借料予以补救。 ( )

5. 划线后的待加工表面，在下道工序加工时，其尺寸精度都需经过量具测量，故在划线时不必划得很精确。 ( )

四、简述题

1. 编写划线口诀。

2. 简述划线的步骤。

3. 划线基准如何确定和选择？

4. 划线中有哪些注意事项？

第七章

钻孔和攻丝

学习目标

1. 了解台钻规格、性能及使用方法。
2. 熟悉麻花钻、扩孔钻、绞刀及丝锥结构。
3. 掌握画线钻孔方法，并进行钻削加工。
4. 掌握钻孔前的工件划线技能。
5. 掌握麻花钻正确刃磨方法。
6. 掌握钻、锪、铰孔、攻丝的基本操作技能。
7. 掌握钻孔和攻丝的安全知识。

钻孔划线最重要，试钻对准样冲眼
钻头刃磨选角度，工件夹紧保基准
加工用力要均匀，钻通末时渐减力
螺纹底孔要计算，攻丝两手力平衡
铰孔要留铰余量，添加煤油要适时
每道工步要检查，看准时机才加工
钻床操作保安全，杜绝手套和脱帽

7.1 钻孔

1. 什么是钻孔

钻孔是用钻头在实心材料体上加工出孔的方法(如图 7-1 所示)。

图 7-1 钻孔

2. 钻孔的设备

(1)台式钻床(如图 7-2 所示);

(2)立式钻床(如图 7-3 所示)。

图 7-2 台式钻床

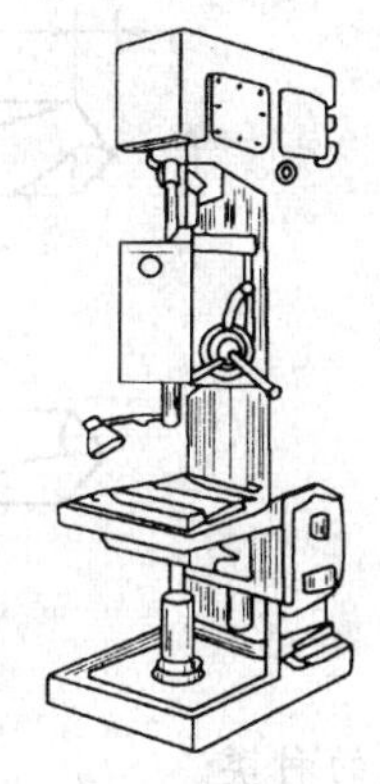

图 7-3 立式钻床

(3)摇臂钻床(如图 7-4 所示)。

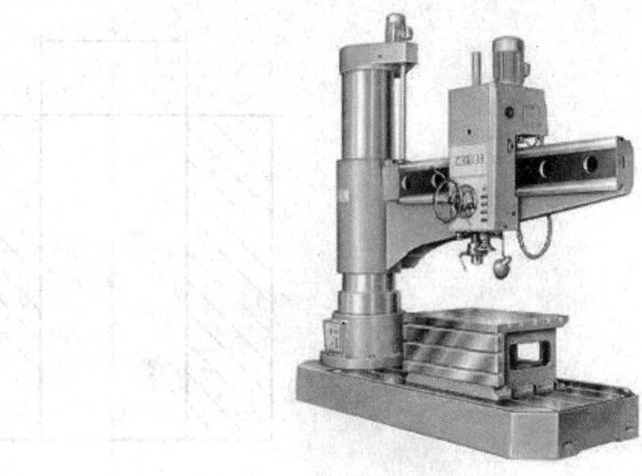

图 7-4 摇臂钻床

3. 钻头的分类

(1)直柄麻花钻头(如图 7-5 所示);

(2)锥柄麻花钻头(如图 7-6 所示)。

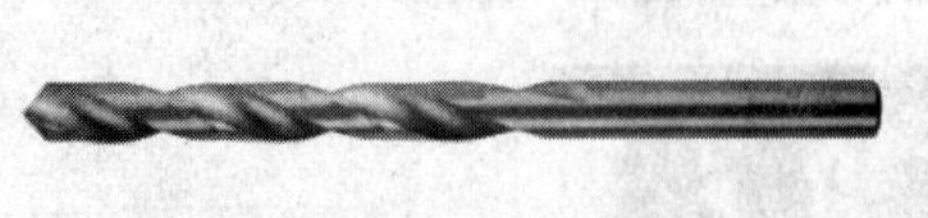

图 7-5 麻花钻头

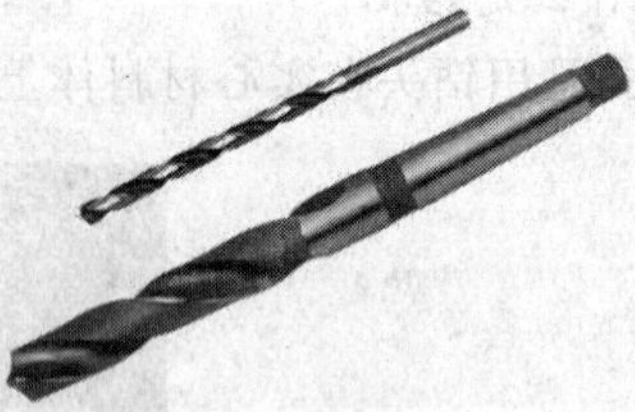

图 7-6 锥柄麻花钻头

4. 钻头的结构(如图 7-7 所示)

(1)导向部分;(2)工作部分;(3)切削部分;(4)颈部;(5)柄部(装夹部分)

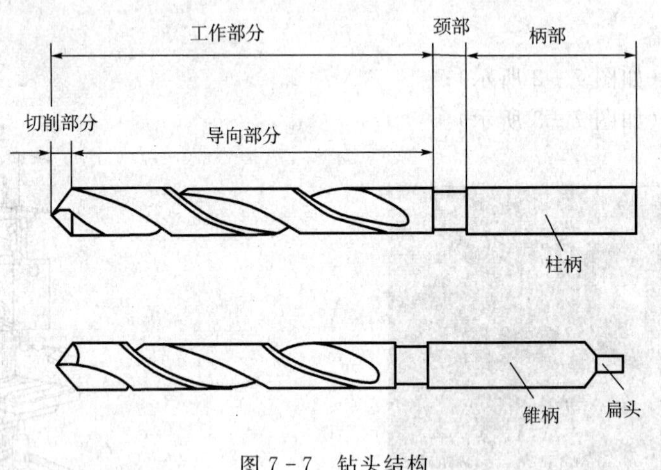

图 7-7 钻头结构

5. 孔的种类

(1)盲孔(如图 7-8 所示)。

(2)通孔(如图 7-9 所示)。

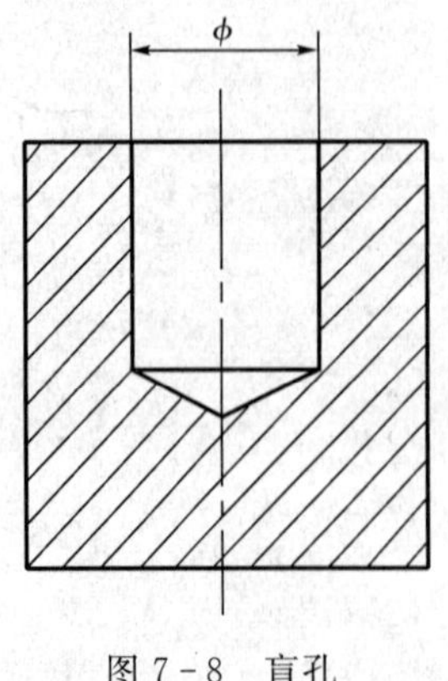

图 7-8 盲孔

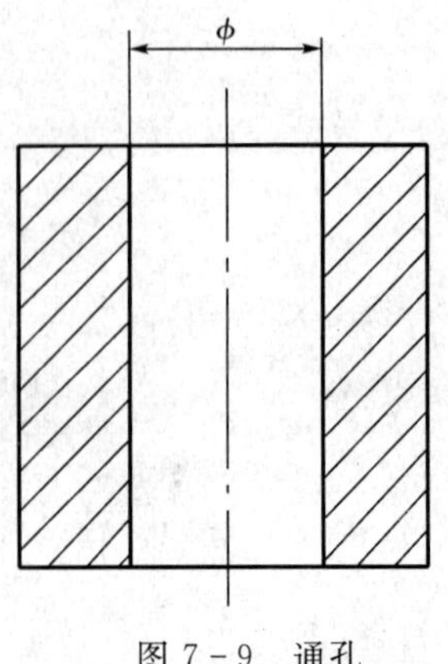

图 7-9 通孔

6. 钻孔前的准备及钻削时的运动(如图 7-10 所示)。

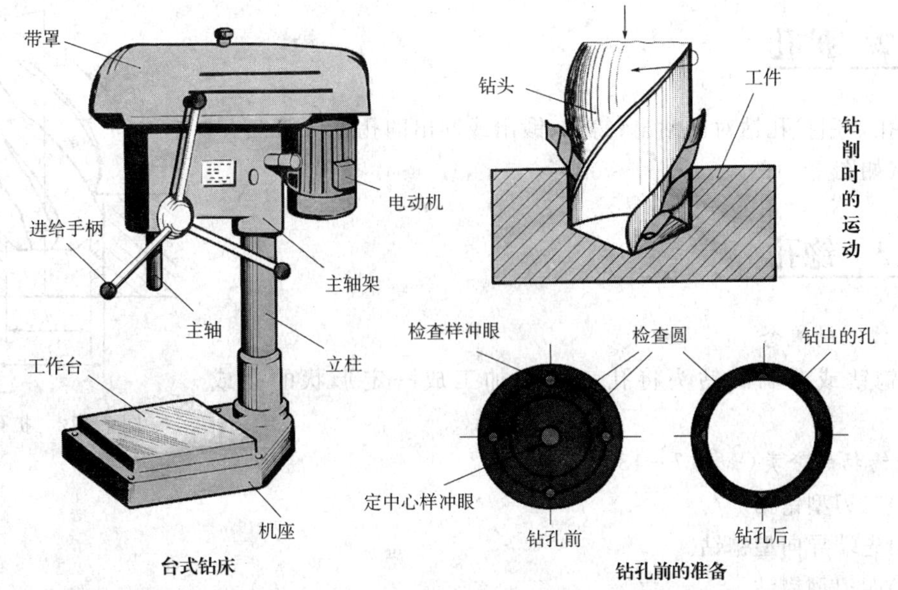

图 7-10　钻孔前的准备及钻削时的运动

7. 钻孔时工件安装及钻偏时校正(如图 7-11 所示)。

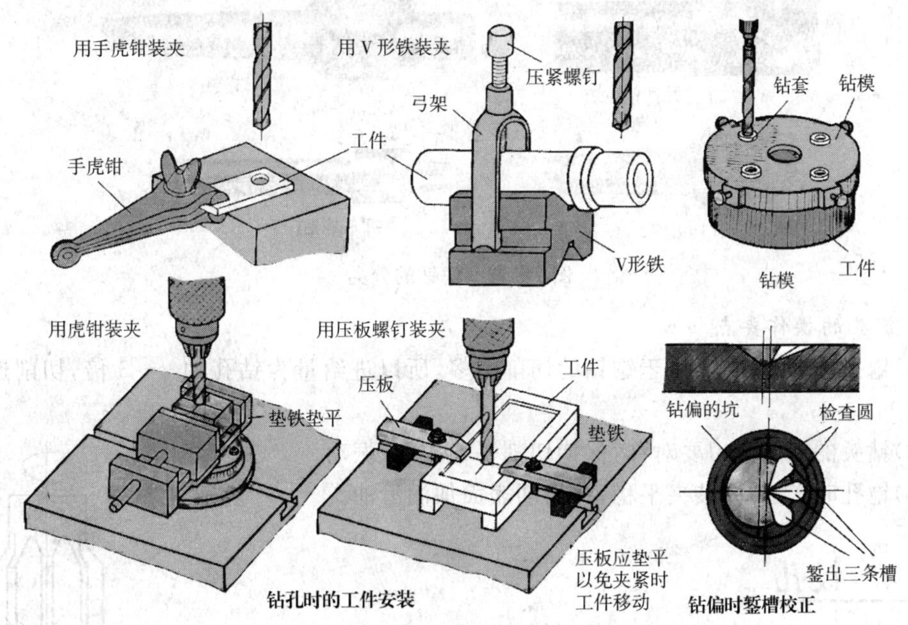

图 7-11　钻孔时工件安装及钻偏时校正

8. 钻孔操作时的注意事项

(1)选定钻孔设备,合理选择切削用量。

(2)钻孔时要先试钻,位置正确后再正式钻孔。

(3)孔快钻通时,改机动为手动,并减少进给量。

(4)根据被钻工件的材料,正确选用冷却液。

(5)操作旋转机械时,不允许戴手套。

7.2 扩孔

扩孔是用扩孔钻对已钻出、铸出、锻出或冲出的孔进行加工的方法(如图 7-12)。

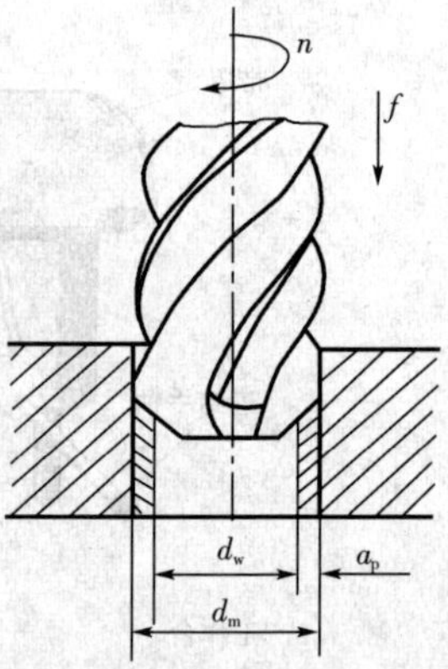

7.3 锪孔

1. 锪孔的概念

用锪钻或改制的钻头将孔口表面加工成一定形状的孔或平面。

图 7-12 扩孔

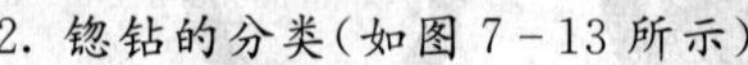

2. 锪钻的分类(如图 7-13 所示)

(1)二刃型锪钻。

(2)先端导向型锪钻。

(3)四刃型锪钻。

(4)平底锪钻。

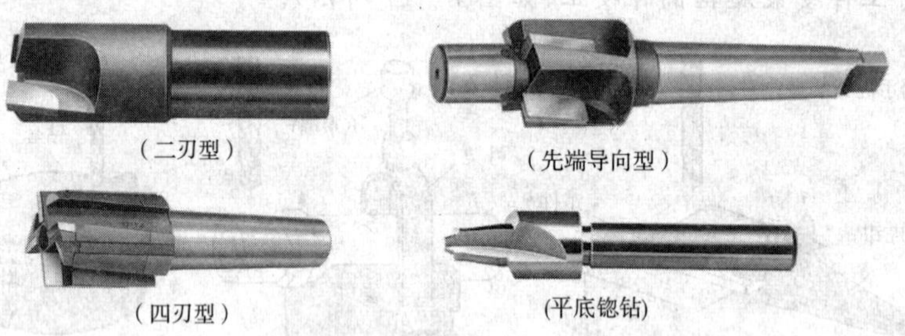

图 7-13 锪钻的分类

3. 锪孔的操作要点

(1)锪孔的切削用量:由于锪钻的切削刃多,所以进给量为钻孔的 2～3 倍,切削速度为钻孔的 1/2～1/3。

(2)钻头的两切削刃要对称,保持切削平稳,减少振动。

(3)锪孔时,工件要装夹平稳,在切削表面加润滑油。

7.4 铰孔

1. 铰孔的概念

用铰刀从工件的孔壁上切削少量金属层,以提高孔的尺寸精度和表面粗糙度。

2. 铰刀的种类

(1)按使用方法分为:

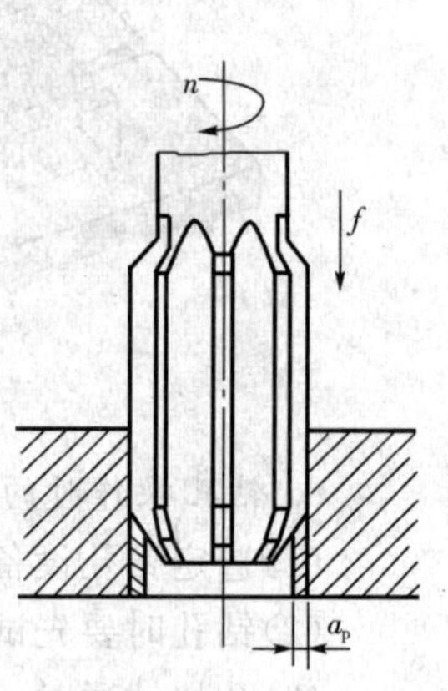

图 7-14 铰孔

①手用铰刀(如图 7-15 所示)。
②机用铰刀(如图 7-15 所示)。

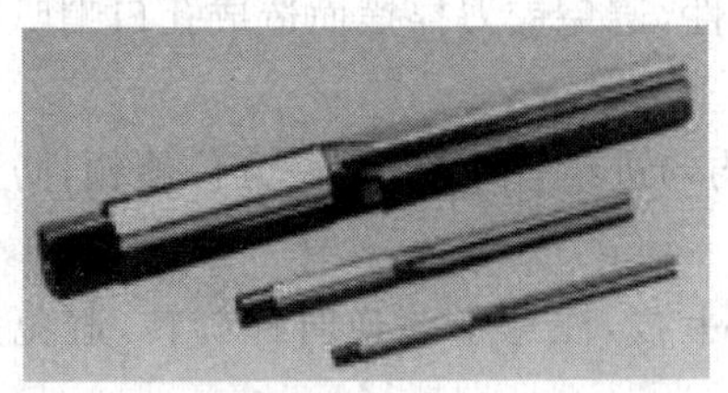
图 7-15　手用铰刀

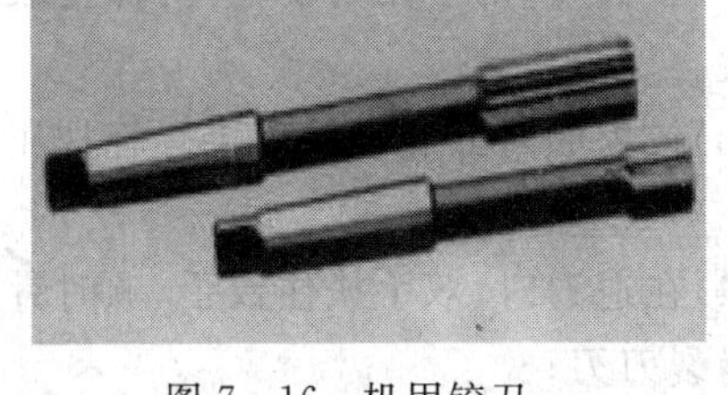
图 7-16　机用铰刀

(2)按几何形状分为:
①圆柱铰刀(如图 7-17 所示)
②圆锥铰刀(如图 7-18 所示)

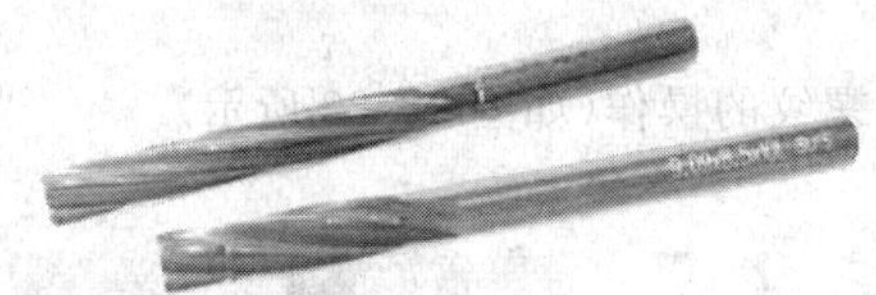
图 7-17　圆柱铰刀

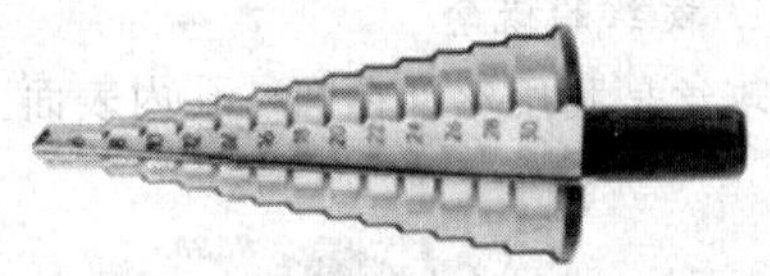
图 7-18　圆锥铰刀

(3)按铰刀结构分为:
①整体式铰刀(如图 7-19 所示)
②可调节式铰刀(如图 7-20 所示)

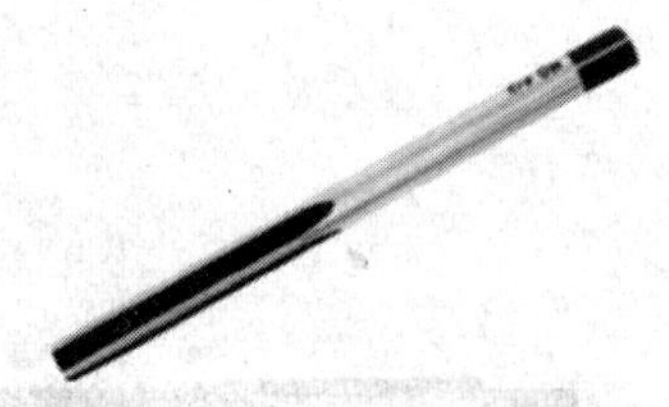
图 7-19　整体式铰刀

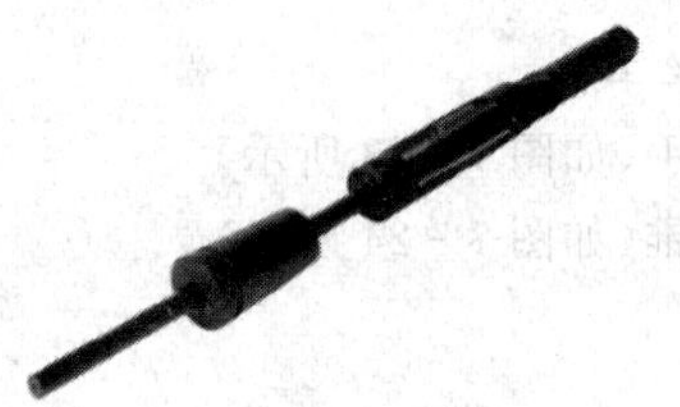
图 7-20　可调节式铰刀

3. 铰刀的结构(如图 7-21 所示)
(1)导向部分。
(2)切削部分。
(3)校准部分。
(4)柄部和颈部。

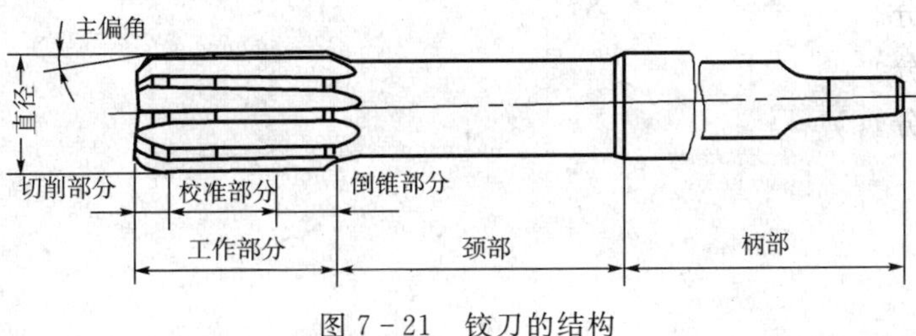

图 7-21　铰刀的结构

4. 铰孔操作要领

(1)工件要夹正,夹紧力要适当,以防工件变形。

(2)手铰时,两手用力要均匀,保持铰刀的平稳性,避免铰刀摇摆而造成孔口喇叭状和孔径扩大。

(3)铰刀顺时针旋转并双手轻轻加压,使铰刀均匀进给,不要在同一方位停顿,防止造成振痕。

(4)在退刀时,双手扶住铰手,顺时针旋转并向上拔,注意不要逆时针旋转,避免拉毛孔壁和崩裂刀刃;

(5)在加工过程中,按工件材质、铰孔精度要求合理选用切削液。

7.5　攻丝

1. 攻丝的概念

攻丝是利用丝锥在圆柱孔内表面上加工出内螺纹的操作(如图 7-22 所示)。

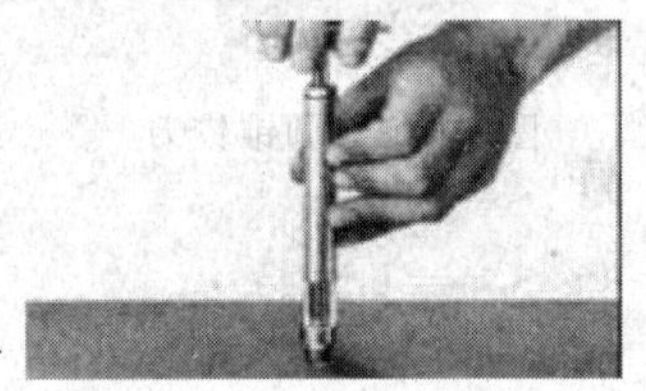
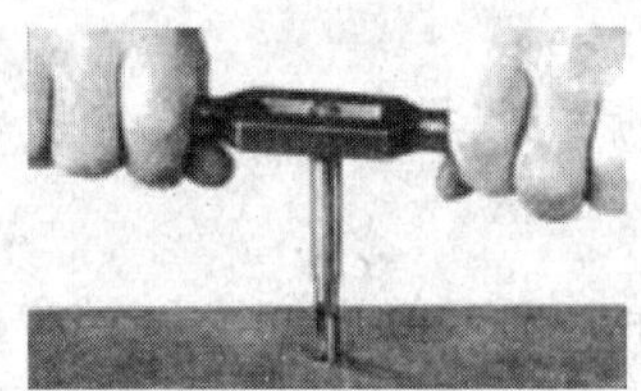
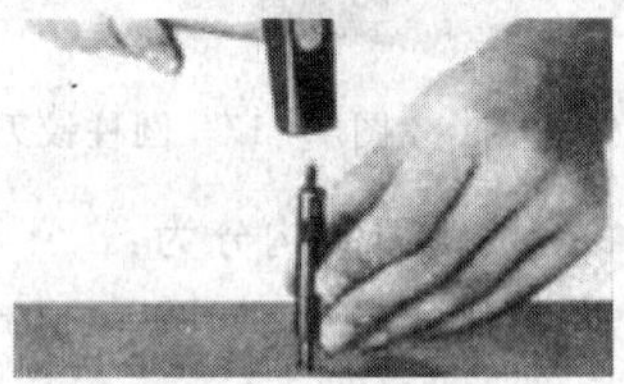

图 7-22　攻丝示范

2. 攻丝工具

(1)铰手(如图 7-23 所示)

(2)丝锥(如图 7-24 所示)

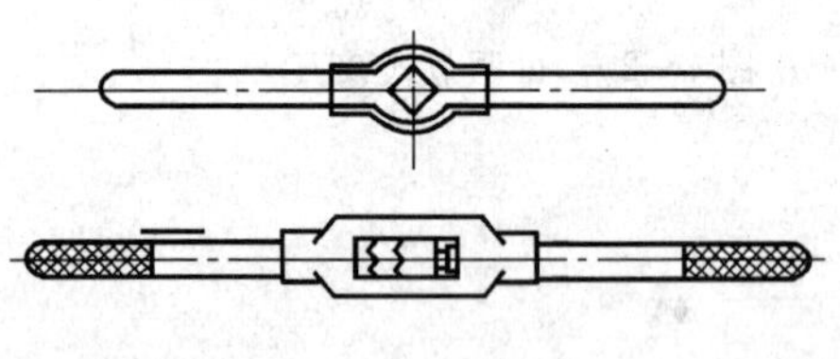

图 7-23　铰手

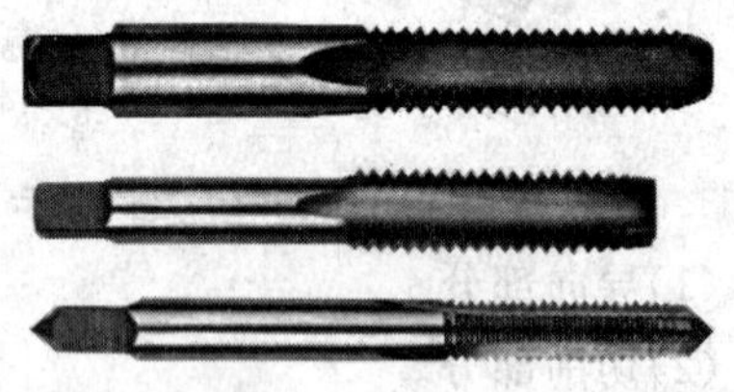

图 7-24　丝锥

3. 丝锥的结构(如图 7-25 所示)

(1)切削部分。

(2)校准部分。

(3)工作部分。

(4)柄部。

(5)端方。

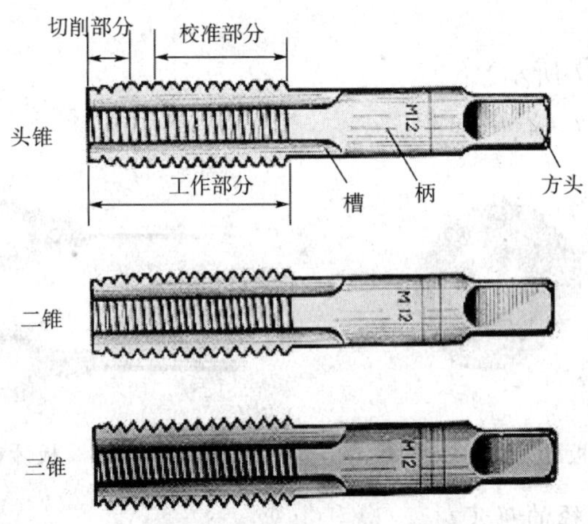

图 7-25　丝锥的结构

4. 攻丝前底孔大小的确定

钻头直径

$$d = D - P$$

式中：D——内螺纹大径(mm)；

P——螺距(mm)。

5. 攻丝操作时的注意事项

(1)钻孔后孔口倒角(如果是通孔，则两面孔口都应倒角)。

(2)攻丝时丝锥必须尽量垂直于孔的中心线的垂直面。

(3)攻丝时应顺时针旋转，并向下加力，攻入三个螺距后即可取消压力，如果感到吃力可适当加一点冷却液(根据被攻工件的材质而定)。

(4)根据加工材料的性质、头锥和二锥要交替使用。

7.6　套丝

1. 套丝的概念

套丝是利用圆板牙在圆柱体的外表面上加工出外螺纹的操作(如图 7-26 所示)。

图 7-26　套丝示范

2. 套丝工具

(1)板牙(如图 7-27 所示)。

(2)板牙铰手(如图 7-28 所示)。

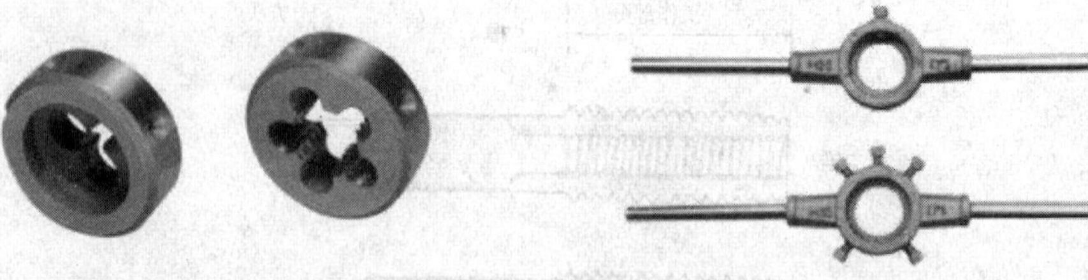

图 7-27 板牙　　图 7-28 板牙铰手

3. 套丝前圆柱杆直径的确定

圆柱杆直径

$$d_0 = d - 0.13P$$

式中：d_0——圆柱杆直径(mm)；

d—外螺纹大径(mm)；

P—螺距(mm))。

4. 套丝操作时的注意事项

(1)套丝前需把圆柱杆的端头(2mm～3mm) 倒角成 15°～20°的圆锥体。

(2)套丝时应保持板牙端面与圆柱杆轴线垂直。

(3)套丝开始时双手顺时针均匀旋转板牙，并施加轴向压力，当板牙切入后取消压力。

(4)为了断屑，板牙要经常逆时针旋转；为了提高螺纹表面质量和板牙使用寿命，要加切削液。

阅读材料

相关工艺知识

(1)直柄钻头装拆

先将钻头柄塞入钻夹头的三爪卡内，其夹持长度不能小于 15mm，然后用钻头钥匙作夹紧放松动作。

(2)钻孔时的工作划线

按钻孔的位置尺寸要求，划出孔位中心线并打上中心冲眼，按孔的大小用划规划出圆周线，对钻直径较大的孔，还应划出几个大小不等的检查圆，以便钻孔时检查和校正孔的位置。

(3)工件的装夹

平正的工件可在平口钳上直接装夹，装夹时应使工件表面与钻头轴线垂直。

(4)起钻

钻孔时，先使钻头对准钻孔中心试钻出一浅坑，观察孔位是否正确，若不正确则校正，使试钻浅坑与划线圆同心。

校正方法：偏位时可在校正方向打上几个中心眼以减少此处阻力，达到校正目的，校正必须在锥坑外圆小于钻头直径之前完成。

(5)手动进给操作

手动进给力不应使钻头产生弯曲现象，以免使钻孔轴线歪斜，钻小孔或深孔应经常退出钻头排屑，孔将钻穿时，进给力必须减小，以防进给量突然过大，增加切削抗力造成钻头折断。

钻孔时安全知识

(1)钻孔时不可带手套，女工必须戴工作帽。

(2)开钻床之前，检查是否有钻头钥匙或斜铁插在钻床主轴上。

(3)工件必须夹紧，孔将穿时，要尽量减少进给力。

(4)钻孔进不可用手或棉纱或嘴吹清除切屑，必须用毛刷清除。

(5)操作者的头不准与旋转主轴靠得太近，停车时应让主轴自然停止，不可用手刹住，也不能反向转动。

(6)攻丝前底孔直径确定(对钢类材料)

$$d(\text{底孔直径})=D(\text{螺纹大径})-P(\text{螺距})$$

攻丝要点

(1)螺纹底孔孔口要倒角。

(2)工件的装夹位置要正确，尽量使螺纹孔中心线置于垂直位置，使攻丝时容易判断丝锥轴线是否垂直于工件的平面。

(3)头锥起攻时，可一手用手掌按住铰手中部沿丝锥轴线方向向下用力加压，另一手配合旋进，或两手握住铰手两端均匀施加压力将丝锥顺向旋进，保证丝锥与孔中心线重合，防止歪斜。攻进1～2圈时，应及时从前后、左右不同方向用角尺进行检查并达到校正目的。

(4)切入3～4圈后，两手只须旋转用力，并每旋进铰手1/2～1圈，就应倒转约1/2圈，便于断屑排屑。

(5)必须以头锥、二锥顺序攻削至标准牙型。

钻孔、扩孔、铰孔、攻丝练习

如图7-29所示，按要求进行练习，并将测量评分填写表7-1中，加工前请仔细阅读“点睛之笔”。

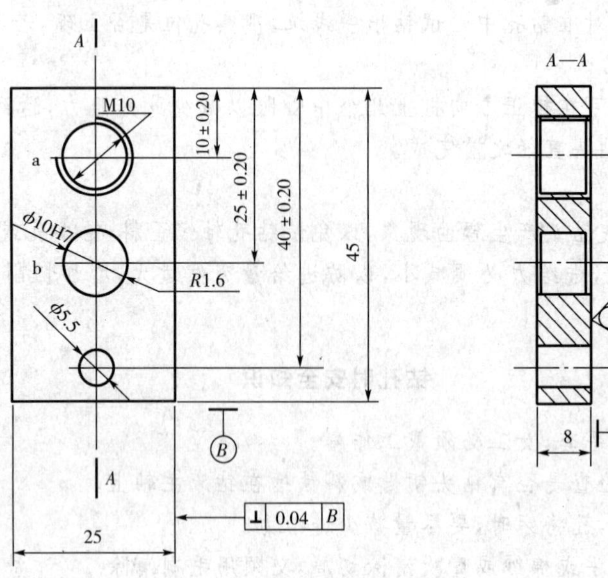

技术要求

孔未注倒角 1×45°。

图 7-29 钻、扩、铰、攻丝练习

表 7-1 检测项目及评分标准(能力培养检查)

项 目	配 分	评分标准	评 分
10±0.20	25	超差 0.01,扣 4 分	
25±0.20	25	超差 0.01,扣 4 分	
40±0.20	25	超差 0.01,扣 4 分	
ϕ5.5	4	超差全扣	
ϕ10H7	8	超差全扣	
M10	8	超差全扣	
R_a1.6	3	超差全扣	
倒角	2	超差全扣	

一、加工工序

(1)检查工件毛坯的外形尺寸。

(2)按图纸要求,划各孔十字中心线。

(3)检查划线尺寸的准确性。

(4)打样冲眼并用划规划圆,中心眼位扩大。

(5)装钻头,夹工件。

(6)对中心眼钻孔 ϕ5.5。

(7)a 孔扩孔到 ϕ8.5,并倒角 1×45°。

(9)b孔扩孔到$\phi9.8$，并倒角$1\times45°$。

(9)用$\phi10H7$铰刀铰$\phi9.8$孔至$\phi10H7$。

(10)攻M10的螺纹。

(11)自检，交验。

二、注意事项

(1)钻孔时，工件的表面必须与钻头轴线成垂直状态。

(2)钻孔时，手进给的压力应根据钻头的工作情况，以目测和感觉进行控制。

(3)攻丝及铰孔前，底孔均应先倒角。

(4)起攻后，要从两个方向进行垂直度的及时校正，这是保证攻丝质量的重要环节。

(5)起攻正确、控制双手用力均匀和掌握最大用力限度，这是基本功。

(6)铰孔时，铰刀不能反转，并注意加切削液。

三、工具、量具

$\phi5.5$、$\phi8.5$、$\phi9.8$钻头，$\phi10H7$铰刀，M10丝锥一组，$\phi13$钻头，游标卡尺，高度划线尺，样冲，划规，8″平锉，刀口角尺，钢丝刷，毛刷。

钻孔、扩孔、锪孔和铰孔试题

一、是非题

1. 标准麻花钻，在主切削刃上的后角是变化的，由外缘向中心逐渐增大。（　　）

2. 钻头的副后角与主切削刃上的最外缘处的后角，其数值是相等的。（　　）

3. 在钻孔过程中，随着钻头的进给运动，其后角会相应减小。进给量越大，后角越小。（　　）

4. 钻头经修磨主切削刃和前刀面后，其刀齿强度都能得到提高。（　　）

5. 钻通孔，在将要钻穿时必须减小进给量，否则容易造成钻头折断或钻孔质量降低等现象。（　　）

6. 修磨钻头棱边的目的，是为了减小对孔壁的摩擦，提高钻头寿命。（　　）

7. 在用标准麻花钻钻削时，横刃处磨损最严重，故要把它磨短。（　　）

8. 扩孔钻的刀齿较多，钻心粗，刚性较好，因此可以增大切削用量。（　　）

9. 攻螺纹前，钻底孔和铰削前钻孔的进给量，在钻头不折断的前提下，应尽量取大些，因还要经最后加工且可以提高工作效率。（　　）

10. 铰刀的前角等于零度，是为了使铰孔的孔壁表面粗糙度变细。（　　）

11. 铰孔前选择铰刀的规格，只要所铰孔的孔径基本尺寸与铰刀的基本尺寸相同就可以了。（　　）

12. 铰孔时,铰刀必须顺转一次后,倒转 1/3 圈,然后再顺转,这样操作便于断屑。 （ ）

13. 在手铰过程中,要注意变换铰刀每次停歇的位置,以消除因铰刀常在同一处停歇,而造成孔壁产生振痕的现象。 （ ）

14. 机铰结束时,要在停机后再退出铰刀,否则,退出时孔壁要被拉毛,影响铰孔质量。 （ ）

15. 钻孔时注入切削液的目的,主要是为了冷却;而铰孔时注入冷却液则以润滑为主,使孔壁表面粗糙度变细。 （ ）

16. 机铰时进给量应取得小一些,进给量越小,孔壁表面粗糙度越细,铰孔质量越高。 （ ）

17. 铰刀校准部分的作用,是用来引导铰削的方向和对孔进行修正。 （ ）

二、选择题

1. 钻头的导向部分在切削过程中,能保持钻头垂直的钻削方向和与孔壁减少摩擦的作用,这是因为钻头的直径由切削部向颈部（ ）。

A. 逐渐减小 B. 逐渐增大 C. 等直径延伸

2. 钻头主切削刃上最外缘处,螺旋线的切线与轴心线之间的夹角称（ ）。

A. 螺旋角 B. 刀尖角 C. 锋角 D. 横刃斜角

3. 钻头两主切削刃,在其平行平面上的投影所夹的角称（ ）。

A. 螺旋角 B. 刀尖角 C. 锋角 D. 横刃斜角

4. 在端面投影图中,横刃与主切削刃之间的夹角称为（ ）。

A. 螺旋角 B. 刀尖角 C. 锋角 D. 横刃斜角

5. 钻头主切削刃上最外缘处,螺旋线的切线与主切削刃之间的夹角称（ ）。

A. 螺旋角 B. 刀尖角 C. 锋角 D. 横刃斜角

6. 标准麻花钻前角的大小与螺旋角的大小有关,螺旋角大则前角（ ）。

A. 大 B. 小 C. 与螺旋角相等

7. 标准麻花钻把主切削刃分为外刃、圆弧刃、内刃三段后,能够（ ）。

A. 分屑 B、断屑 C. 卷屑 D. 导屑

E. 改变切屑

8. 标准群钻最大特色是磨有月牙形的圆弧刃,其圆弧刃上各点的前角（ ）。

A. 减小 B. 与原前角等值 C. 增大

9. 一般钻直径超过 30mm 的大孔工件,可分两次钻削,先用（ ）倍孔径的钻头钻孔,然后再用所需孔径的钻头扩孔。

A. 0.3～0.4 B. 0.5～0.7 C. 0.8～0.9

10. 手铰刀的校准部分呈（ ）。

A. 前小后大顺圆锥形 B. 前大后小倒圆锥形

C. 圆柱形 D. 圆柱和圆锥组合形

11. 为了获得较高的铰孔质量,一般手铰刀刀齿的齿锯在圆周上呈（ ）。

A. 均匀分布 B. 不均匀分布

C. 180°对称的不均匀分布

12. 铰孔时铰削余量与切削深度关系是:铰削余量等于( )。

A. $a_p/2$ B. a_p C. $2a_p$

13. 铰孔时,选择铰削余量不宜太大或太小,如太小则使( )。

A. 孔的形状呈多边形

B. 铰刀容易磨损

C. 孔径上大下小呈锥形

D. 上道工序加工刀痕和残留变形难以消除

14. 铰孔时选择铰削余量,不宜太大或太小,如太大则使孔的( )。

A. 直径张大 B. 直径缩小

C. 内壁表面粗糙度变粗 D. 内壁表面粗糙度变细

15. 铰孔时,铰削余量的大小是按孔径来选择的,但选择时还应考虑下列因素( )。

A. 材料的软硬 B. 进给量

C. 切削液的类型 D. 铰刀的类型

E. 铰孔的精度和表面粗糙度 F. 铰孔的深度

G. 机床的刚性

攻螺纹与套螺纹试题

一、是非题

1. 手用丝锥的校准部分其后角等于零度。( )

2. 螺纹的螺距越小,则螺纹的精度就越高。( )

3. 切削量采用锥形分配的丝锥,其每套丝锥的大径、中径、小径都相等,只是切削部分的长度和偏角的大小不同。( )

4. 攻左旋螺纹时,只要将一般右旋丝锥左旋攻入即可。( )

5. 切削量采用锥形分配的丝锥,如初锥在工作过程折断,则可将中锥或底锥的切削部分磨得长一些,就可以做初锥使用。( )

6. 切削量采用柱形分配颇为合理,面对螺孔的精度和表面粗糙度没有影响。( )

7. 丝锥的容屑槽一般为直槽,但也有螺旋槽的丝锥。其主要作用是增大前角、改善切削性能。( )

8. 在工件上攻 M12 以下的通孔螺纹时,只要用初锥攻过就可以了,不必再用底锥做最后加工。( )

9. 圆板牙的前角是沿着切削刃变化的,大径处前角最大,小径处前角最小。( )

10. 套螺纹后,螺栓的大径大于套螺纹前原圆杆的直径。( )

11. 攻螺纹前的底孔直径等于螺纹小径。( )

12. 圆板牙校准部分磨损后,铰出的螺纹尺寸变大,可用砂轮剖开 V 形槽进行适当调整,调整后螺纹尺寸缩小,可继续使用。( )

二、选择题

1. 攻螺纹前的底孔直径( )螺纹的小径。

A. 略小于 B. 略大于 C. 等于

2. 丝锥用钝后,可用手工刃磨丝锥的( )。

A. 切削部前面　B. 切削部后面　C. 校准部前面　D. 校准部后面

3. 攻螺纹时，为适应不同的加工材料，以改善其切削性能，可修磨丝锥的（　）。

A. 切削部前面　B. 切削部后面　C. 校准部前面　D. 校准部后面

4. 手用丝锥切削部分的锥面上，其后角等于（　）。

A. 6°～8°　B. 8°～10°　C. 10°～12°

5. 管螺纹的公称直径（　）螺纹的大径。

A. 小于　B. 等于　C. 大于

6. 不等径丝锥在攻通孔时，一定要用精锥作最后加工，其目的是（　）。

A. 增加螺纹的有效长度

B. 得到正确的螺距或导程

C. 得到正确的螺纹直径和牙型角

7. 当平面平行于投影面时，它在该投影面上的投影一定是（　）。

A. 小于平面图形　B. 积聚成直线　C. 反映实形

8. 螺纹标注中，如果是左旋螺纹，应用（　）注明旋向。

A. RH　B. LH　C. 省略

9. 液压系统的执行元件是（　）。

A. 液压泵　B. 液压缸或液压马达　C. 液压阀

10. 钻夹头是用来装夹钻头的。

A. 直柄　B. 锥柄　C. 直柄或锥柄

11. 分度头手柄转一圈时，装夹在主轴上的工件转（　）转。

A. 1　B. 1/40　C. 40

12. 管螺纹的公称直径指的是（　）尺寸。

A. 螺纹大径　B. 螺纹小径　C. 管子内径

第八章

综合训练一——凸模对插件加工

学习目标

1. 使学生掌握锯、锉、錾的正确的操作方法和操作姿势；巩固挫配的加工方法。

2. 掌握有对称度要求的工件加工和测量方法；巩固内直角的清角方法。达到一定的技能操作水平；具备安全文明生产的基本素质。

3. 重点掌握好锯、铣、錾工艺规程，掌握好锯直、锉平等关键技术要领。

4. 学会分析锯、锉、錾操作中常见缺陷的原因，处理有关工艺缺陷事宜。

5. 继续纠正不规范的操作方法。

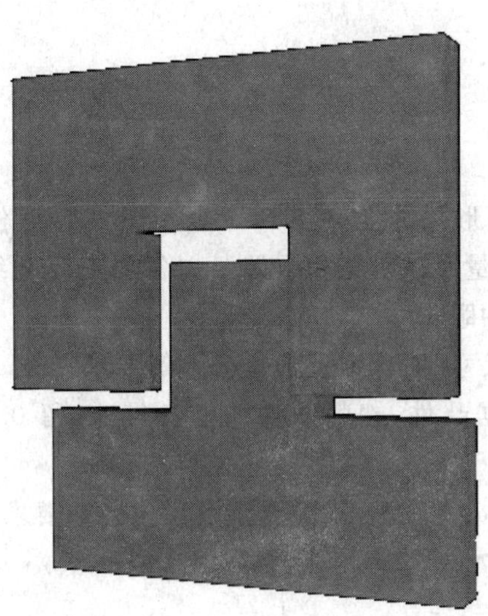

8.1 凸模对插件加工

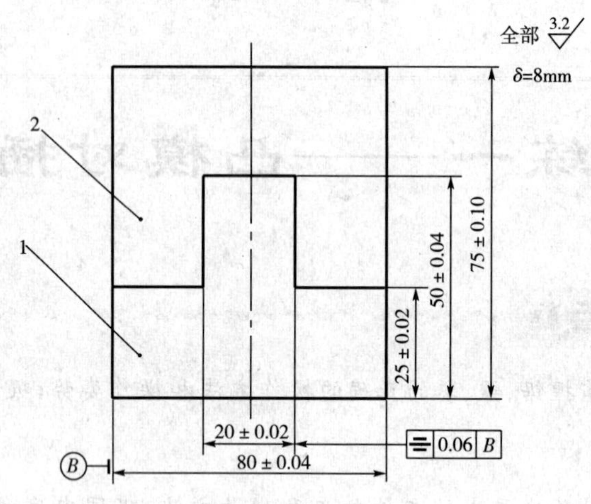

技术要求

1. 以凸件配作凹件，转位互换配合间隙≤0.06mm；
2. 错位量≤0.10mm。

图 8-1 凸模对插件图

8.2 工具、量具

10″、6″平锉，三角锉，锯弓，$\phi 6$ 钻头，高度划线尺，0～125 游标卡尺，刀口角尺，0～25、25～50、50～75 千分尺。

8.3 加工工序

(1)检查毛坯尺寸。

(2)锉削件 1 和件 2 外形尺寸至 50±0.04、80±0.04，形位公差均应控制在最小范围内，便于工件在制作中的测量及减少累积误差。划各加工尺寸线及凹件排孔下料十字中心线，检查划线的准确性，并冲眼。

(3)加工凸件，保证各尺寸、对称度及形位公差等要求。

(4)凹件排孔下料，根据凸件，锉削凹件凹槽各尺寸，留 0.04mm 左右余量，且保证对称度。

(5)根据凸件锉配凹件，达到配合间隙要求及形位公差要求。

(6)倒棱，去毛刺。

(7)自检、交验。

8.4　注意事项

工件制作过程如图 8－2 所示(教师和学生共同完成)：

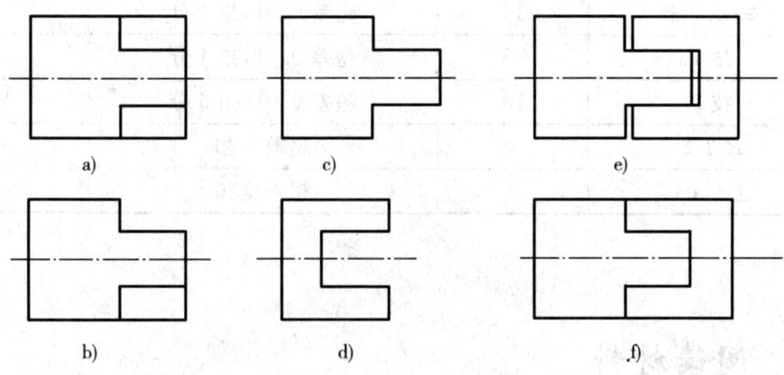

图 8－2　工件制作过程图

说明：

(1)为达到配合后转位互换的精度，在锉削件 1、件 2 时，必须将对称度控制在最小范围内，尺寸公差也应控制得越小越好，否则如果凸、凹件都有对称度误差，且在同一方向上，锉配达到间隙要求、两侧平齐，而当转位 180°配合时，就会产生两侧错位，错位量是原对称度误差的两倍。在实际操作中，应按公差等分原则，控制尺寸(如图 8－3 所示)。

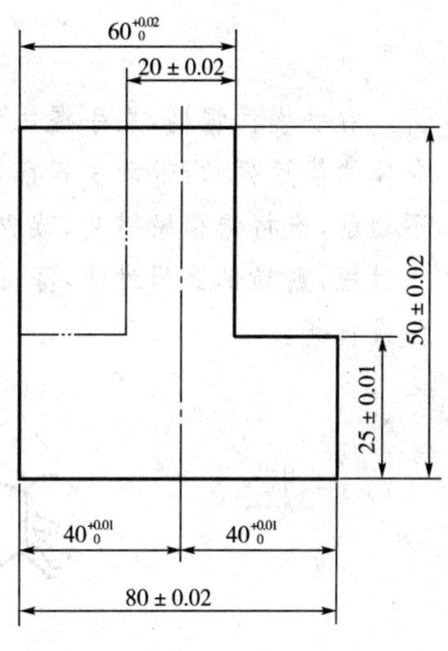

图 8－3

(2)在制作凸件时，不能两边同时锯削，否则失去测量基准，无法保证对称度。

(3)内外直角清角要干净，先用 6″三角锉清角，后用小于 90°光边锉刀清角，否则影响工件的配合精度。

(4)配合中易出现以下几种情况：

①凸件两肩部不等高，造成转位后出现间隙

②凸件凸面两侧面与底面不垂直等。

③锉配中应防止凸件的挤压而造成凹件尺寸变化，故锉配时，凸件不能强行敲入凹件。

8.5　检测评分

检测项目	配　分	评分标准	得　分
80±0.04	2×8	超差 0.01，扣 4 分	
20±－0.02	2×10	超差 0.01，扣 4 分	
25±0.02	2×6	超差 0.01，扣 4 分	

（续表）

检测项目	配　分	评分标准	得　分
50±0.04	6	超差 0.01，扣 4 分	
75±0.10	10	超差 0.01，扣 4 分	
⌯ 0.06B	15	超差 0.01，扣 4 分	
技 1	18	超差 0.01，扣 4 分	
技 2	18	超差 0.01，扣 6 分	
R_a3.2	4	超差全扣	
⊥ 0.04	5	超差全扣	

阅读材料

锯削的操作要领

右手握住锯柄，左手握住锯弓的前端，如图 8－4 所示。推锯时，身体稍向前倾斜，利用身体的前后摆动，带动手锯前后运动。推锯时，锯齿起切削作用，给以适当压力。向回拉时，不切削，应将锯稍微提起，减少对锯齿的磨损。锯割时，应尽量利用锯条的有效长度。如行程过短，则局部磨损过快，降低锯条的使用寿命，甚至因局部磨损，造成锯锋变窄，锯条被卡住或折断。

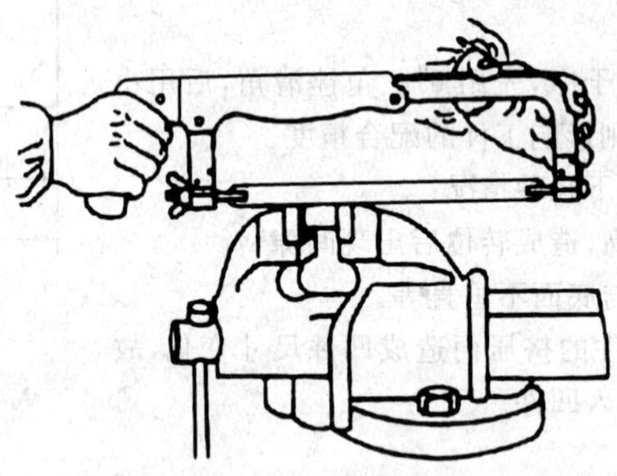

图 8－4　锯削姿势

起锯时，锯条与工件表面倾斜角约为 15°左右，最少要有三个齿同时接触工件。起锯时利用锯条的前端（远起锯）或后端（近起锯）靠在一个面的棱边上起锯（如图 8－5a 所示）。起锯时来回推拉距离最短，压力要轻，这样，才能尺寸准确，锯齿容易吃进。后起锯（如图 8－5b 所示）主要用于薄板。

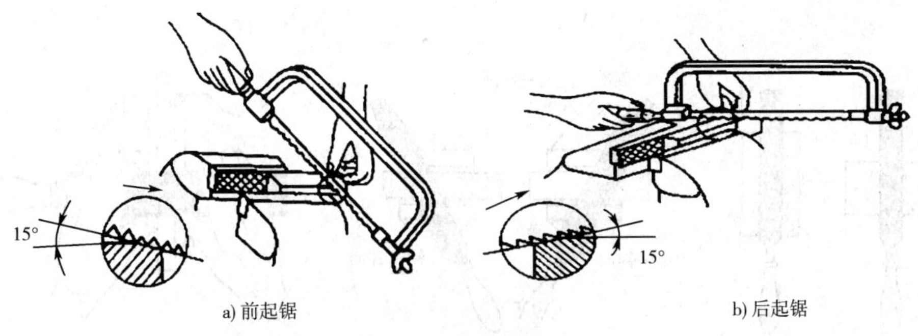

图 8-5　起锯的方法

另外锯削时应注意推拉频率：对软材料和有色金属材料频率为每分钟往复 50～60 次，对普通钢材频率为每分钟往复 30～40 次。

锯割时，被夹持的工件伸出钳口部分要短，锯锋尽量放在钳口的左侧，较小的工件夹牢时要防止变形，较大的工件不能夹持时，必须放置稳妥再锯割。在割前首先在原材料或工件上划出锯割线。划线时应考虑锯割后的加工余量。锯割时要始终使锯条与所划的线重合，这样，才能得到理想的锯缝。如果锯缝有歪斜，应及时纠正，若已歪斜很多，应改从工件锯缝的对面重新起锯。否则很难改直，而且很可能折断锯条。

锉削的操作要领

锉刀应装好手柄后才能使用(整形锉除外)。锉削时，要锉出平整的平面，必须保持锉刀的平直运动。平直运动是在锉削过程中通过随时调整两手的压力来实现的。锉削开始时，左手压力大，右手压力小。随锉刀前推，左手压力逐渐减小，右手压力逐渐增大，到中间时，两手压力相等。到最后阶段，左手压力减小，右手压力增大，如图 8-6 所示。退回时，不加压力。锉削时，压力不能太大，否则，小锉刀易折断；但也不能太小，以免打滑。锉削速度不可太快。速度太快，容易疲劳和磨钝锉齿；速度太慢，效率不高，一般每分钟 30～60 次左右为宜。

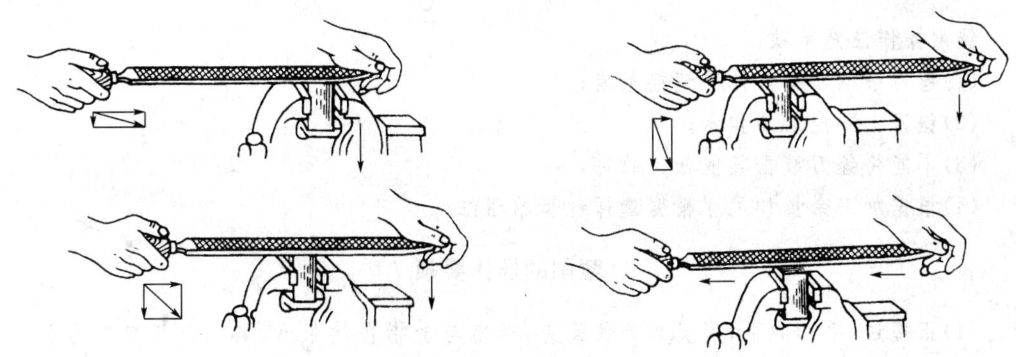

图 8-6　锉削时两手用力的变化

在锉削时，眼睛要注视锉刀的往复运动，观察手部用力是否适当，锉刀有没有摇摆。锉了几次后，要拿开锉刀，看是否锉在需要锉的位置，是否平整。发现问题后及时纠正。

(1)平面加工

平面加工是锉削中最基本的操作。方法主要有：平行锉削、顺锉、交叉锉、推锉，如图 8-7 所示。

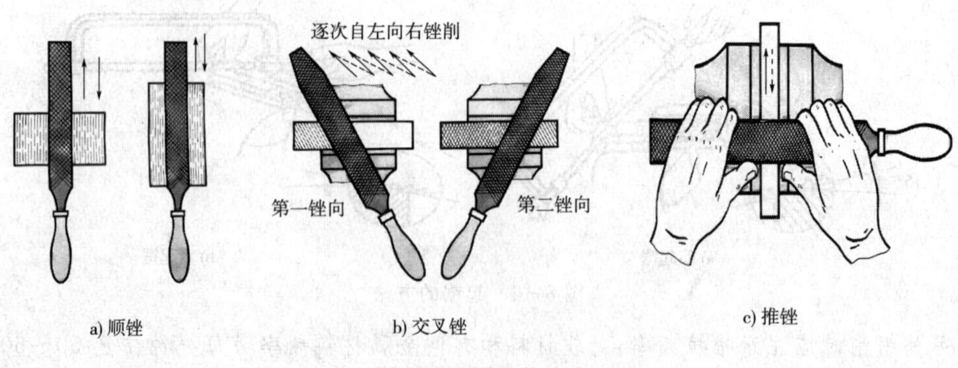

a) 顺锉　　b) 交叉锉　　c) 推锉

图 8-7　平面的锉法

(2)曲面加工

外曲面：横锉、顺锉，如图 8-8 所示。

内曲面：横锉、推锉，如图 8-9 所示。

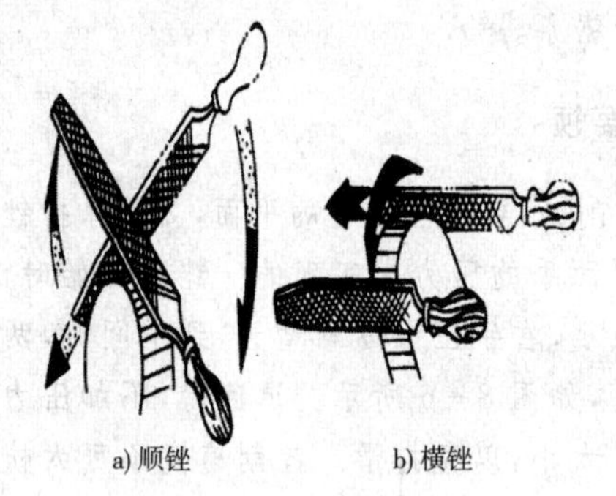

a) 顺锉　　b) 横锉

图 8-8　外曲面的锉削

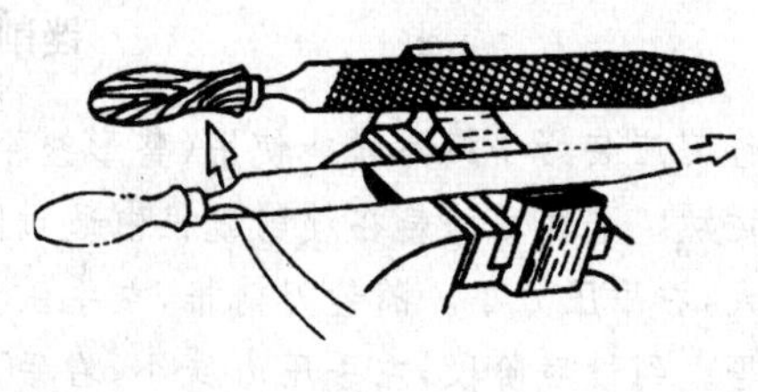

图 8-9　内圆弧面的锉削方法

锉削操作注意事项：

(1)锉刀手柄和锉刀体要连接紧凑；

(2)锉刀上不能沾油和水；

(3)不能将锉刀敲击其他任何物件；

(4)根据加工余量和尺寸精度选择锉齿的粗细。

錾削的操作要领

(1)正握法：手心向下；用虎口夹住錾身，拇指与食指自然张开，其余三指自然弯曲靠拢握住錾身，如图 8-10a 所示。露出虎口上面的錾子顶部不宜过长，一般在 10～15 毫米。

(2)反握法：手心向上；手指自然捏住錾身，手心悬空，如图 8-10b 所示。这种握法适用于小量的平面或侧面錾削。

(3)立握法：虎口向上，拇指放在錾子一侧，其余四指放在另一侧捏住錾子。这种握法用于垂直錾切工件，如在铁砧上斩断材料。

a) 正握法　　b) 反握法

图 8-10 錾子的握法

錾削操作注意事项：

(1)先检查錾口是否有裂纹；

(2)检查锤子手柄是否有裂纹,锤子与手柄是否有松动；

(3)不要正面对人操作；

(4)錾头不能有毛刺；

(5)操作时不能戴手套,以免打滑；

(6)錾削临近终了时要减力锤击,以免用力过猛伤手。

第九章

综合训练二——方孔配合件加工

学习目标

1. 使学生继续领会锯、锉、錾的正确操作方法和挫配的加工方法。
2. 掌握内直角清角方法和测量形位公差的方法。
3. 掌握四方内配的加工方法和配合工艺。
4. 重点掌握轴对称件加工要领。
5. 会分析轴对称件加工过程中出现缺陷的原因。
6. 学会钻排孔关键技术要领。

9.1　工具、量具

6″、8″锉刀，6″三角锉，0～25 千分尺，0～125 游标卡尺，锯弓，钢丝刷，毛刷，高度划线尺，样冲，锤头。

9.2　制作要求

(1) 锉削凹件方孔 25 尺寸时，可用间接方法来测量，留 0.04mm 左右余量与凸件 1 配锉，此时件 2 的形位公差应控制在最小范围内。

(2) 凸件的尺寸按下偏差制作，凹件的方孔尺寸按上偏差制作。

(3) 不得将凸件强行敲入凹件内。

(4) 锉配时，应将凸件与凹件定向配合，配合达到要求后，再进行转位，为便于确定方向，可在工件表面上作一记号。

9.3　加工工序

(1) 精锉 60×60 四方件，达到尺寸、形位公差要求。

(2) 精锉 25×25 四方件，达到尺寸、形位公差要求。

(3) 在件 2 上划线钻排料孔。

(4) 粗锉 25×25 内方孔，留 0.04 左右余量。

(5) 以凸件锉配凹件，达到配合要求。

9.4　注意事项

(1)划线、排孔、下料时，应考虑钻头直径及所放余量，划线后，应以样冲冲眼。

(2)锉方孔时，内直角用三角锉清角。

(3)60×60 的工件，必须加工到图纸要求的形位公差，因为在以后的加工中，它们是测量基准。

9.5　方孔配合件加工

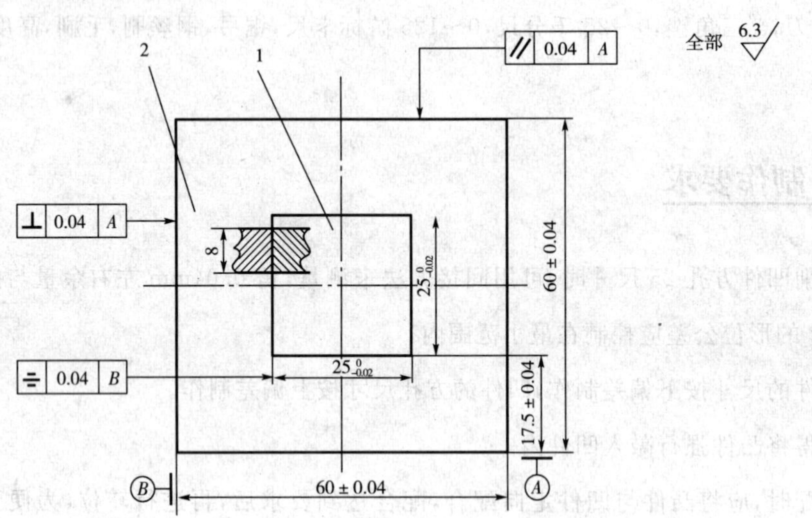

技术要求

1. 以凸件配合作凹≤0.04mm；

2. 转位互换配合间隙≤0.04mm。

图 9－1　方孔配合件

9.6　检测评分

项　　目	配　　分	评分标准	评　　分
60±0.04	2×8	超差 0.01,扣 2 分	
$25_{-0.02}^{0}$	2×10	超差 0.01,扣 2 分	
⊥0.04A	2×6	超差全扣	
//0.04A	6	超差全扣	
≡0.04B	10	超差 0.01,扣 4 分	
技 1	15	超差 0.01,扣 4 分	
技 2	12	超差 0.01,扣 2 分	
17.5±0.04	6	超差 0.01,扣 2 分	
R_a6.3	3	超差全扣	

阅读材料

公差与配合

1. 基本概念

(1) 尺寸公差

尺寸公差是指允许的尺寸变动量,简称公差。

(2) 标准公差与基本偏差

① 标准公差是用以确定公差大小的任意公差。国标(GB)规定对于一定的基本尺寸,其标准公差分为20个等级,如IT01、IT0、IT1至　IT18。其中IT表示标准公差,后面的数字是公差等级代号。IT01为最高级(即精度最高,公差值最小),IT18为最低级(即精度最低,公差值最大)。

② 基本偏差是指确定公差带相对于零线位置的上偏差或下偏差,一般为靠近零线的那个偏差。国标(GB)规定孔和轴每一基本尺寸段有28个基本偏差,并分别用大、小写拉丁字母作为孔和轴的基本偏差代号。

(3) 配合与基准制

① 配合是指基本尺寸相同、相互结合的孔和轴之间的关系。配合有三种类型,即间隙配合、过盈配合和过渡配合。

② 基准制是国标中规定的孔和轴公差带之间的相互关系。国标规定了两种基准制,即基孔制和基轴制。

(4) 基孔制和基轴制

① 基孔制配合中的孔称为基准孔,其基本偏差为H,下偏差为零。轴的基本偏差在A～H之间为间隙配合;在J～H之间为过渡配合;在P～ZC之间为过盈配合。

② 基轴制配合中的轴称为基准轴,其基本偏差为H,上偏差为零。孔的基本偏差在A～H之间为间隙配合;在J～H之间为过渡配合;在P～ZC之间为过盈配合。

2. 形位公差

(1)基本概念

① 形状误差:指被测实际要素相对其理想要素的变动量。

② 形状公差:指单一实际要素的形状相对基准所被允许的变动全量。

③ 位置误差:指关联实际要素的位置相对其理想要素的变动量。

④ 位置公差:指关联实际要素的位置相对基准所被允许的变动全量。

(2)形位公差种类

①形状公差6项(如表9-1所示)。

②位置公差8项(如表9-1所示)。

表 9-1 形位公差的项目及符号

分 类	项 目	符 号	分 类		项 目	符 号
形状公差	直线度	—	位置公差	定向	平行度	//
	平面度	▱			垂直度	⊥
	圆 度	○			倾斜度	∠
	圆柱度	⌭		定位	同轴度	◎
	线轮廓度	⌒			对称度	⌯
	面轮廓度	⌓			位置度	⌖
				跳动	圆跳动	↗
					全跳动	⌰

3. 表面粗糙度

表面粗糙度是指加工表面上具有较小间距和微小峰谷所组成的微观几何形状特性。

(1) 表面粗糙度符号

若仅表示需要加工而对表面特征的规定没有其他要求时，在图样上可只标注表面粗糙度符号，即基本符号“√”，去除材料符号“▽”，不去除材料符号“○√”。

(2) 表面粗糙度的标注

在表面粗糙度符号的基础上，注上其他必要的表面特征的规定。表面特征标注的位置如图 9-2 所示。

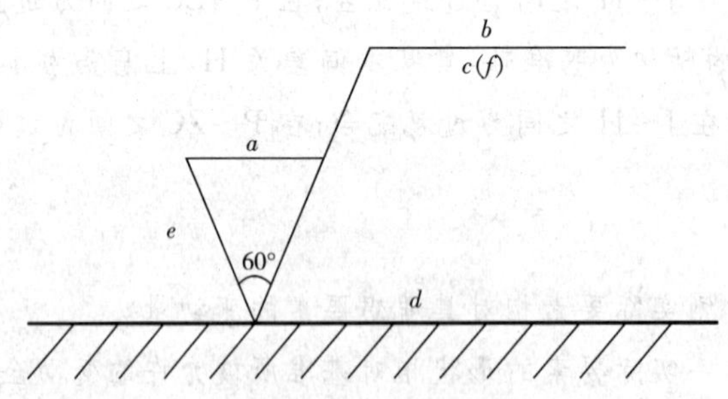

图 9-2 表面粗糙度的标注

a—表面粗糙度高度参数的允许值；b—加工方法、镀涂或其他表面处理；c—取样长度(mm)；d—加工纹理方向符号；e—加工余量(mm)；f—表面粗糙度内距。

(3)表示粗糙度高度参数注写示例及其他意义见表 9-2。

从标注中可以看出：R_a在代号中只要标出数值，R_a本身可以省略；R_z和 R_y除标出数值外，在数值前还必须标出相应的 R_z和 R_y。

表 9-2　表面粗糙度高度参数的标注示例及其意义

代　　号	意　　义
3.2	用任何方法获得的表面，R_a 的最大允许值为 3.2μm
R_y 3.2	用去除材料的方法获得的表面，R_y 的最大允许值为 3.2μm
R_z 200	用不去除材料的方法获得的表面，R_z 的最大允许值为 200μm
3.2 1.6	用去除材料的方法获得的表面，R_a 的最大允许值为 3.2μm，最小允许值为 1.6μm
3.2 R_y 12.5	用去除材料的方法获得的表面，R_a 的最大允许值为 3.2μm，R_y 的最大允许值为 12.5μm

第十章

综合训练三——燕尾配合件加工

学习目标

1. 掌握燕尾的加工和测量方法；
2. 认识万能游标量角器，掌握其使用方法；
3. 掌握燕尾锉配的加工和测量方法；
4. 重点掌握燕尾尺寸间接测量工艺方法，并会计算。

10.1 燕尾配合件加工

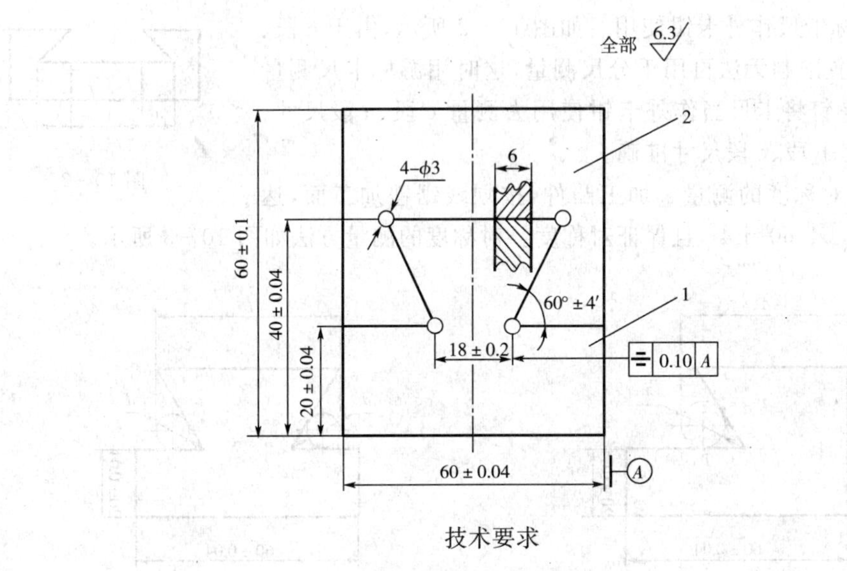

图 10-1 燕尾配合件加工图

10.2 工具、量具

6″平锉，三角锉，毛刷，锯弓，ϕ2、ϕ5 钻头，万能游标量角器，游标卡尺，刀口角尺，0～25，25～50，50～75 千分尺，ϕ10 圆柱销(两根)，高度游标卡尺。

10.3 加工工序

(1) 检查毛坯尺寸。

(2) 锉削件 1 和件 2 外形尺寸至 60±0.04、40±0.04。

(3) 划各加工尺寸线及凹件排孔下料十字中心线，检查划线的准确性，并冲眼。

(4) 钻工艺孔，凹件钻排料孔。

(5) 锯锉凸件，达到 18±0.2，20±0.04，60°±4′且保证对称度。

(6) 凹件锯割排料，粗锉至划线线条。

(7) 根据凸件尺寸，锉削凹件的各部分尺寸，留 0.04mm 左右余量(两斜边余量)。

(8) 根据凸件尺寸，使内外燕尾达到配合间隙要求。

(9) 锉削总长尺寸 60±0.10。

(10) 去毛刺、自检、交验。

10.4 注意事项

(1)将游标卡尺作外卡钳使用。如图 10-2 所示，由于 c 段、a 段受空间位置限制无法再用千分尺测量，这时用游标卡尺测量 b 段时，拧紧螺钉将卡尺当作外卡钳使用去测量 c 段、a 段尺寸，从而保证 a 段、b 段、c 段尺寸准确。

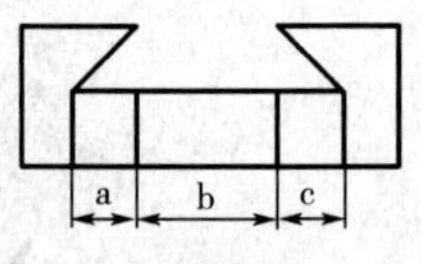

图 10-2

(2) 燕尾对称度的测量。加工凸件，按划线锯锉加工面，达到尺寸 20±0.04，60°±4′，且保证对称度。对称度的测量方法如图 10-3 所示。

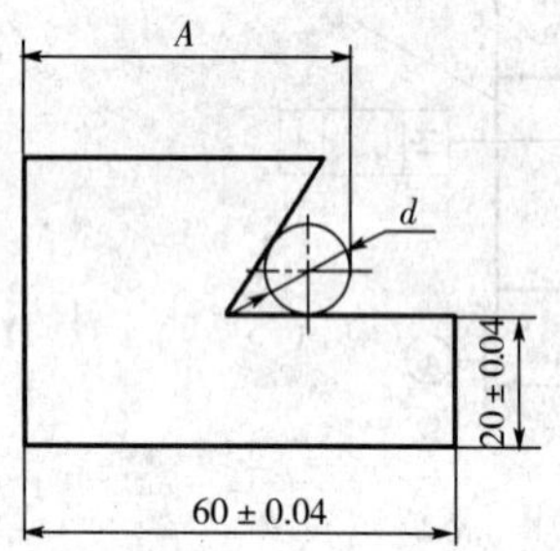

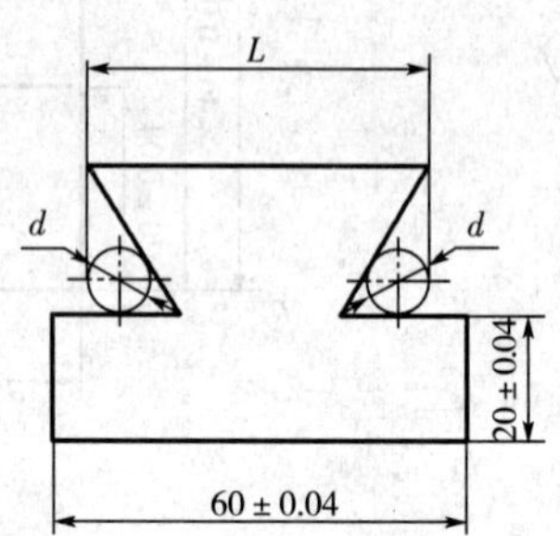

图 10-3 燕尾对称度的测量

上图中，$A=\dfrac{60+18+d[1+\mathrm{ctg}(\frac{\alpha}{2})]}{2}=52.66$

$$L=18+d[1+\mathrm{ctg}(\frac{\alpha}{2})]=45.321$$

d 为 $\phi10$ 圆柱销直径，故 $d=10$，$\alpha=60°$；A 的偏差尽量为尺寸 60 的偏差的一半；L 的偏差则尽量为零。

例如：尺寸 60 的实际尺寸为 $60_{-0.04}^{\ 0}$ 时，A 尽量为 $52.66_{-0.02}^{\ 0}$，L 尽量为 45.321。

(3) 锉削凹件时，不能一次锉削完成，因为测量中难免存在一些误差，所以凹件应留些余量与凸件配锉。

(4) 测量角度时应选择固定的测量基准，避免造成误差积累。

(5) 锉削中常出现如图 10-4 所示的几种情况。

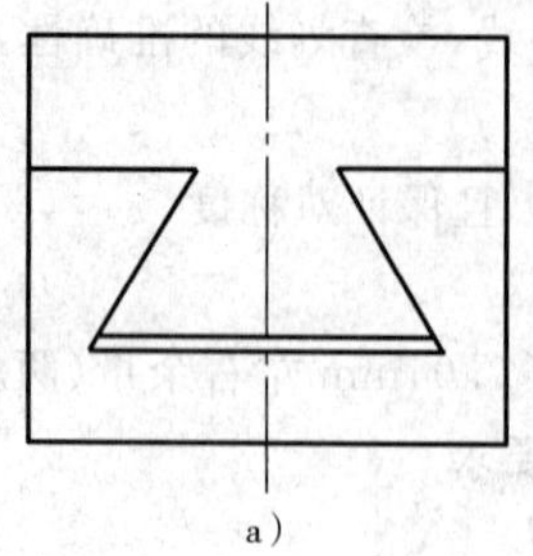
a)

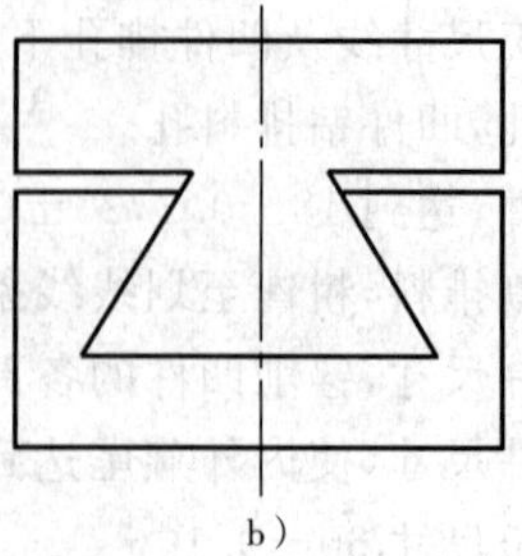
b)

图 10-4 锉销中常出现的情况

不论出现那种情况，修配后都会影响间隙，因此在加工凹凸件时，一定要控制好尺寸20±0.04，18±0.2的偏差方向和角度的正确性。

10.5　检测评分

检测项目	配　　分	评分标准	得　　分
20±0.04	8	超差0.01，扣2分	
40±0.04	8	超差0.01，扣2分	
18±0.2	10	超差0.01，扣2分	
60°±4′	8	超差1′，扣2分	
60±0.04	8	超差0.01，扣2分	
⌯0.10A	10	超差0.01，扣4分	
技1	20	超差0.01，扣4分	
技2	10	超差0.01，扣2分	
60±0.10	10	超差0.01，扣2分	
$R_a6.3$	8	超差全扣	

阅读材料

加工工艺编制

1. 加工工艺

根据图纸构思出加工顺序和加工精度要求。

2. 工艺编制原则

(1) 技术上的先进性

应采用先进工艺、先进技术、新材料以获得较高的生产力，降低操作者的劳动强度。

(2) 经济上的合理性

降低成本、减少能源消耗、能够保证工件制作要求的最佳方案。

(3)良好的工作条件

工作安全、环境良好、工具设备齐全。

3. 准备编制工艺的原始资料

(1)产品的完整图纸及制作数量。

(2) 根据零件图选用工件的毛坯材料和制作规格。

(3) 根据生产条件选择加工设备、量具、工具及人员。

4. 编制加工工艺的步骤

(1) 看懂和理解零件图的技术要求。

(2) 确定毛坯并拟定加工工艺路线。

(3) 确定各工序所需的机床、夹具、刀具、量具及相关辅助工具。

(4) 确定加工余量、工序、尺寸及公差。

(5) 确定加工工时定额。

(6) 确定各道工序的检测方法并编写好工艺文件。

第十一章

综合训练四——六角配合件加工

学习目标

1. 掌握六角型工件的加工方法。
2. 掌握万能游标量角器的使用方法，掌握六角内配的加工方法。
3. 掌握正多边形划线知识和技巧。
4. 掌握角型工件配合工艺分析，能编制检验规程。
5. 能分析角型工件制作和配合的缺陷原因。

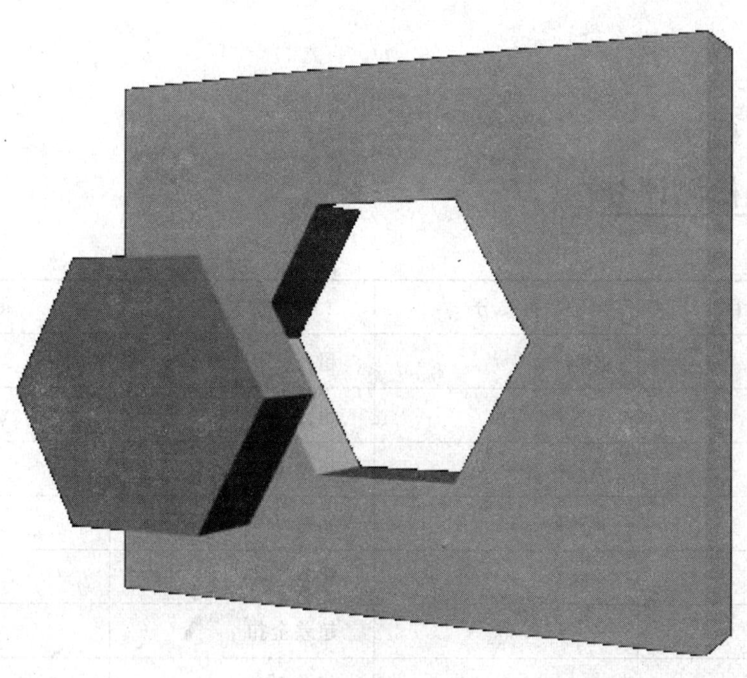

11.1 六角配合件加工

全部 6.3

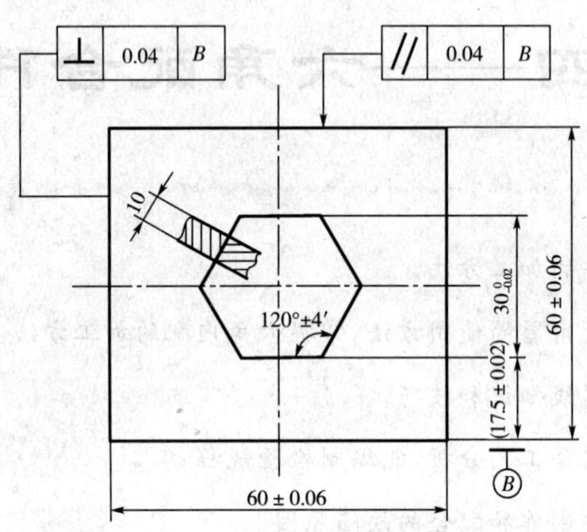

技术要求

转位配合间隙≤0.06mm。

图 11-1 六角配合件加工图

11.2 检测评分

检测项目	配 分	评分标准	得 分
技 1	40	超差 0.01,扣 2 分	
$300_{-0.02}^{0}$	3×4	超差 0.01,扣 2 分	
120°±4′	6×4	超差 1′,扣 2 分	
60±0.06	2×4	超差 0.01,扣 2 分	
⊥0.04B	2×4	超差全扣	
//0.04B	4	超差全扣	
R_a6.3	4	超差全扣	

11.3 外六角的制作

(1) 制作过程图

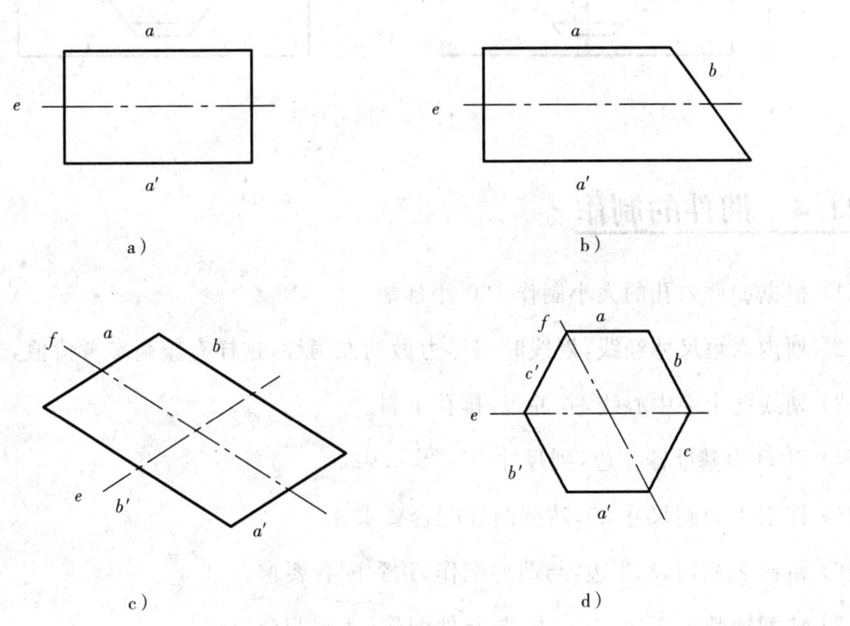

图 11-2 外六角的制作过程

(2)制作要点

① 锯、锉 a 和 a' 边，使 $a /\!/ a'$ 并达到尺寸公差要求。

② 划线，锯、锉 b 边，保证 a 和 b 夹角为 120°。

③ 以 a 为基准，划 e 线；以 b 为基准，划 f 线、b' 线，锯、锉 b' 边，保证 a' 与 b' 夹角为 120° 及 $b /\!/ b'$，且达到尺寸公差要求。

④ 划 c 和 c' 线，并打上细小冲眼。

⑤ 锯、锉 c 和 c' 边，保证 a 与 c'、a' 与 c 夹角为 120°，同时使 $c /\!/ c'$ 且达到尺寸公差要求，并保证 a、b、c、a'、b'、c' 六边等长。

(3)注意事项

① 为保证转位配合间隙≤0.05，必须严格控制 $300_{-0.02}^{\ 0}$ 尺寸及角度为 120°。

② b 边制作完毕，应以 b 边为基准划 b' 位置。

③ b' 边制作完毕，根据两面中心线 e、f 与菱边的交点，划 c、c' 边加工尺寸线。

④ 以此方法加工 c、c' 边时，可以保证 c' 边与 a、b' 夹角为 120°，c 边与 a'、b 边夹角为 120°，以及 c 与 c' 尺寸为 $300_{-0.02}^{\ 0}$，但不能保证六边等长。为此，可制作梯形样板(如图11-4 所示)以辅助。

在图 11-4 中，分别测量尺寸 A、B，当 $A=B$ 时，且 c 与 c' 满足夹角 120°、尺寸 $300_{-0.02}^{\ 0}$ 时，则六边等长。为保证六边等长，梯形样板应有较高精度。

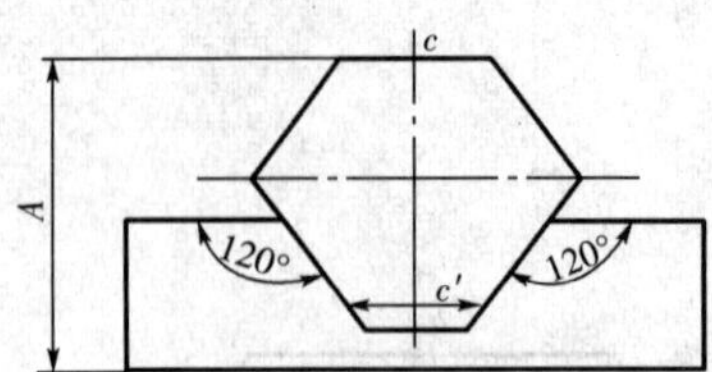

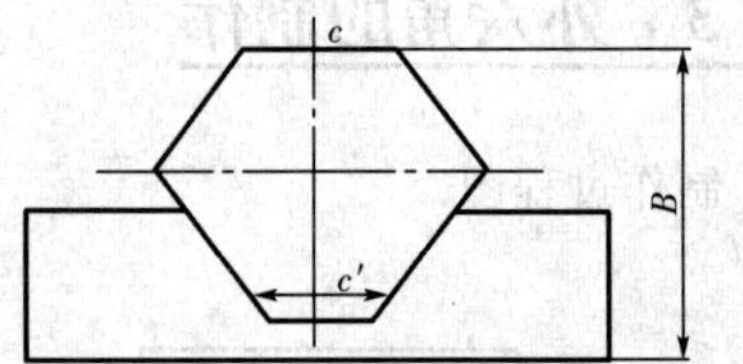

图 11－4　梯形样板

11.4　凹件的制作

(1) 根据凹件内孔的大小制作 120°小样板。

(2) 划内六角尺寸经线，划线时应尽力做到准确性，这样有较高参考价值，并冲眼。

(3) 划线孔十字中心线，并冲眼，排孔下料。

(4) 以 B 为基准锉 1 边，到尺寸 17.5±0.02。

(5) 锉削 1′边到尺寸 30，达到凸件配合要求。

(6) 粗锉 2、2′边，3、3′边，与凸件配作，达到配合要求。

(7) 精配锉削 2、2′边，3、3′边，与凸件配作，达到配合要求。

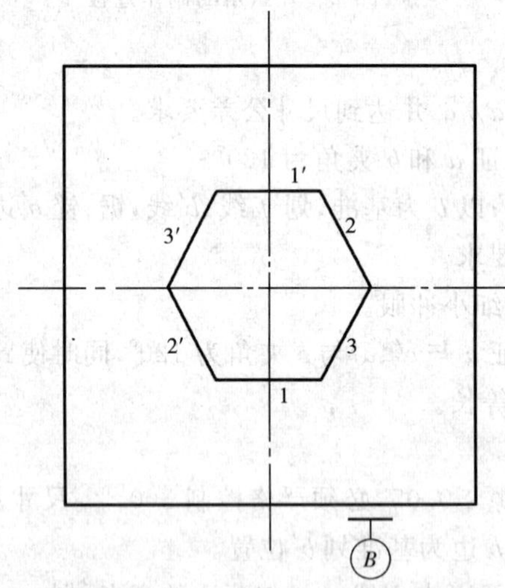

图 11－5　凹件的制作

金属材料的性能

1. 物理性能

(1) 密度

密度是物体的质量与其体积的比值。

密度的计算公式为

$$\rho = m / V$$

式中：ρ 为密度(g/cm^3)；m 为质量(g)；V 为体积(cm^3)。

(2) 熔点

物体在加热过程中，由固体开始熔化为液体时的温度(℃)。

(3) 导电性

金属材料传导电流的能力。纯银导电性最好，铜铝次之。

(4) 导热性

金属材料传导热量的能力。纯金导热性最好，合金次之。

(5)热膨胀性

金属材料温度升高后体积增大的性质。

2. 力学性能

(1) 强度

强度是指金属材料在外力作用下，对变形和破裂的抵抗能力。强度的大小用材料单位横截面积上所产生的抵抗力，即应力来表示。应力单位为 M Pa，其计算公式为

$$\sigma = F / S$$

式中：F 为外力(N)；S 为横截面面积(mm^2)；σ 为应力(M Pa)。

常用的强度测试方法是拉伸实验。图 11－6 为拉伸试样及拉伸曲线图。由拉伸曲线可以看出，随外力的增加，试样经历三个特性曲线阶段的变化，由此，可以确定拉伸时的几个强度指标。

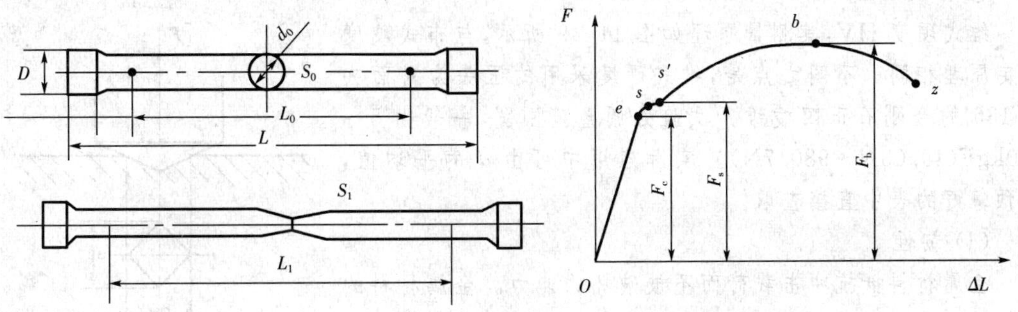

图 11－6　拉伸试样及低碳钢拉伸曲线

(2) 塑性

塑性是指金属材料在外力作用下产生显著变形而不断裂的性能。常用的塑性指标有延伸率和断面收缩率。通过拉伸实验可以求得。

(3) 硬度

硬度是指金属材料表面抵抗其他更硬物体压入的能力。任何机器零件都应具备足够的硬度,才能保证其使用性能和寿命。测试硬度的方法很多,常用的方法有布氏、洛氏和维氏三种。

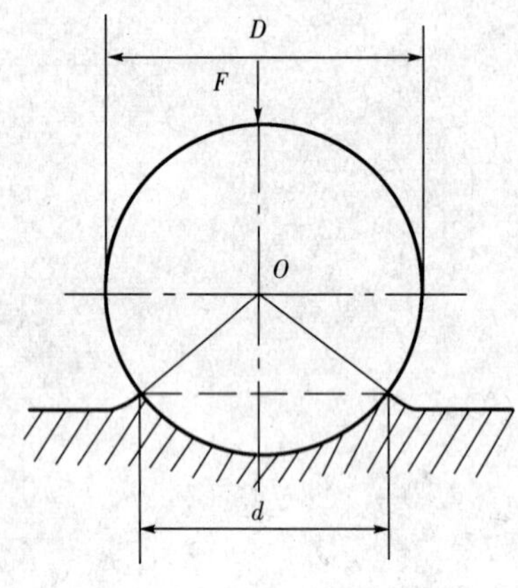

图 11-7　布氏硬度测定原理示理图

① 布氏硬度

布氏硬度 HBS,最常用的是将直径为 10mm 的淬火钢球,实验力为 3000kg$F$(29.42kN),压向材料表面,持续时间 30s,使钢球压入被测金属表面,用试验力与压痕面积的比值作为硬度值。图 11-7 为布氏硬度测定原理示意图。测定时,布氏硬度可从测量压痕直径 d 经查表得出硬度值。

② 洛氏硬度

洛氏硬度 HR,它是用一定的试验力,把淬火的钢球或 120°圆锥形金刚石压入金属表面,其原理如图 11-8 所示。洛式硬度测量简便,能直接从刻度盘上读出硬度值。一般在同一试件上测量三点,取其平均值。

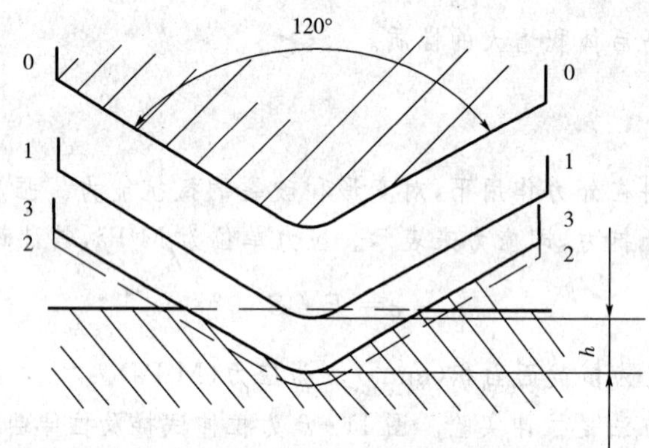

图 11-8　洛氏硬度测定原理示意图

③ 维式硬度

维式硬度 HV,其测量原理如图 11-9 所示,与布式硬度测定原理相同。不同之点是,维式硬度采用的压头为对面夹角 136°的金刚石正四棱锥。试验力调整范围宽,一般由 5～100kg$F$(49.03N～980.7N)。实际应用中可由 d 的平均值,从预算好的表中直接查取。

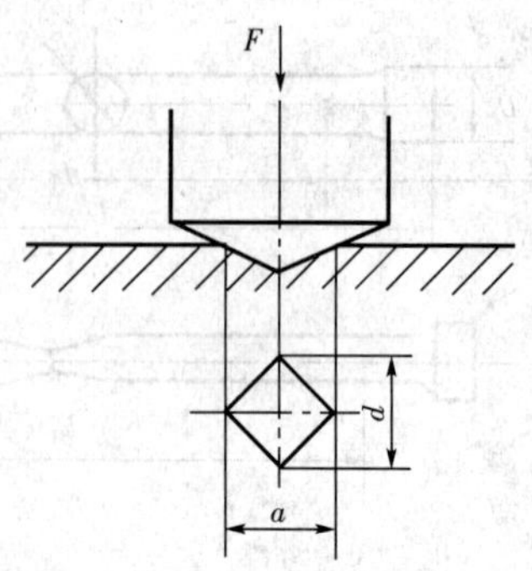

图 11-9　维式硬度原理图

(4) 韧性

金属材料抵抗冲击载荷而不被破坏的能力。金属材料的韧性大小可通过冲击试验测定。摆锤式一次冲击实验如图 11-10 所示。

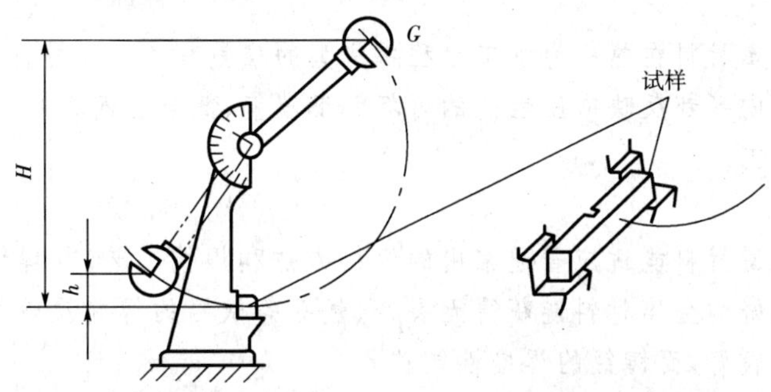

图 11-10　冲击试验原理图

(5) 疲劳及疲劳强度

金属材料在低于屈服强度的交变应力作用下发生破裂的现象称为疲劳。疲劳强度是指金属材料承受无限次交变载荷作用而不破裂的最大应力。材料的疲劳抗力可用图 11-11 应力与应力循环次数之间的关系曲线即疲劳曲线加以说明。

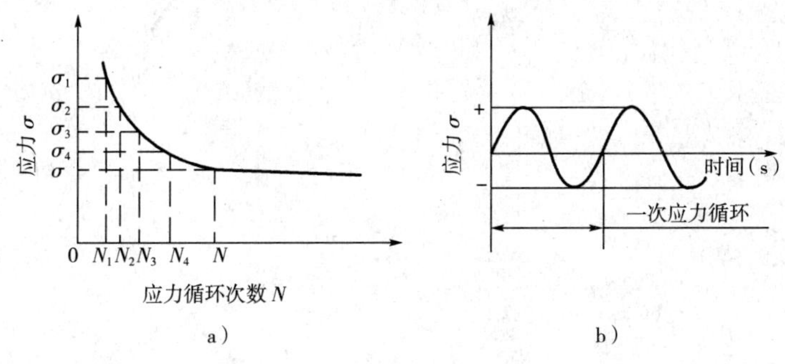

图 11-11　疲劳曲线

3. 工艺性能

金属材料的工艺性能，一般是指切削加工性、铸造性、可锻性、可焊性和热处理性能。

(1) 切削加工性

金属材料的切削性是指材料可被切削加工的难易程度。

① 工件材料的硬度(含高温硬度)越高，切削力就越大，导致切削温度也越高。因此，刀具的磨损越快，切削性就越差。同理，工件材料的强度越高，切削性也越差。

② 工件材料的强度相同时，塑性和韧性大的，切削性更差。但工件材料的塑性太小，切削性也不好。

③ 工件材料的导热系数大，导热性就好，反之就差。在产生热量相等的条件下，导热系数大的其切削性就好；相反，导热系数小的，刀具易磨损，切削性就差。

(2) 铸造性

铸造性是指金属熔化后，浇注成合格铸件的难易程度。评定金属材料的铸造性，主要依据其流动性(液态金属能够充满铸型的能力)、收缩性(金属由液态凝固时和凝固后的体积收缩程度)和偏析倾向(金属在凝固过程中因结晶先后而造成的内部化学成分和组织的不均匀现象)等三项内容。灰铸铁、铸造铝合金、青铜和铸钢等都具有较好的铸造性。

(3) 可锻性

可锻性是指金属材料在热压力加工过程中成型的难易程度。如材料的塑性和塑性变形抗力及应力裂纹倾向等都反映锻压性能的好坏。低碳钢、低合金钢具有良好的锻压性能,而铸铁就不能锻压加工。

(4)可焊性

可焊性是指金属材料能适应普通常用的焊接方法和焊接工艺,其焊缝质量能达到要求的特性。焊接性能好的金属材料能获得无裂缝、气孔等缺陷的焊缝及较好的力学性能。低碳钢的焊接性能比较好,而铸铁的焊接性能较差。

(5)热处理性能

热处理性能是指金属材料通过热处理后改变或改善性能的能力。钢是采用热处理最为广泛的金属材料,通过热处理,可以改善切削加工性能,可以提高力学性能,延长使用寿命。

第十二章

综合训练五——平型工件加工

学习目标

1. 了解钻孔、攻丝的正确操作 。
2. 重点掌握钻孔、攻丝工具的选用和操作 。
3. 掌握 攻丝前底孔大小的确定知识和要点。
4. 知道预防攻丝时产生的缺陷原因，并掌握处理方法。

12.1　平型工件加工

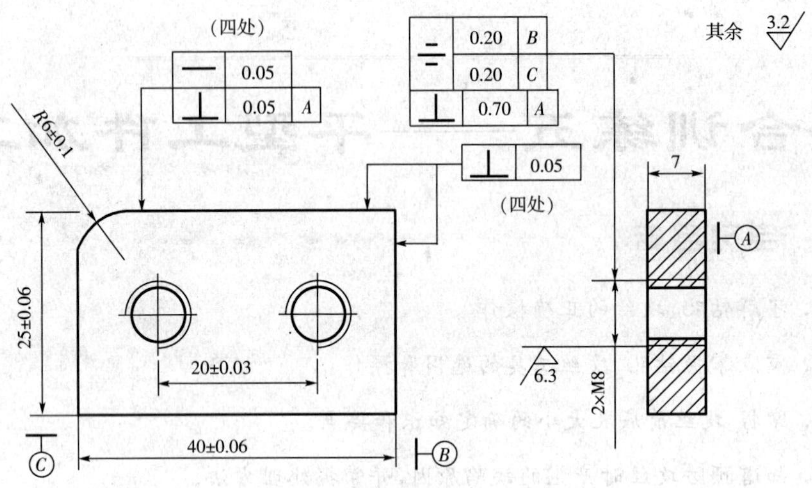

技术要求

1. *A* 面去锈；
2. 去毛刺。

图 12－1　平型工件加工图

12.2　检测评分

	检测项目	配　分	评分标准	
锉削	40±0.06	8	每超差 0.01 扣 1 分	
	25±0.06	8	每超差 0.01 扣 1 分	
	*R*6±0.1	4	每超差 0.02 扣 1 分	
	各侧面相互垂直度 0.05(4 处)	4×4	每超差 0.011 分	
	各侧面对 *A* 面垂直度 0.05(4 处)	4×4	每超差 0.01 扣 1 分	
	各侧面直线度 0.05(4 处)	4×4	每超差 0.01 扣 1 分	
	R_a3.2(5 处)	5×2	每处低一级扣 1 分	
	20±0.03	4	每超差 0.05 扣 1 分	
形位公差	相对于 *B* 的对称度 0.20	4	每超差 0.05 扣 1 分	
	相对于 *C* 的对称度 0.20	4	每超差 0.05 扣 1 分	
	R_a6.3(2 处)	2×1	每处低一级扣 0.5 分	
攻丝	M8 螺纹(2 处)	2×3	不能用手旋入标准螺杆不得分	
	M8 对 *A* 的垂直度 0.70(2 处)	2×1	超差不得分	
缺陷扣分			视严重程度扣 1～10 分	
钳工实训			材料	Q235
			工时	8 小时

12.3　工艺制作过程

(1)加工 A 面,保证 A 的平面度为 0.05mm。

(2) 加工 40 的长边,保证其直线度为 0.05mm,并垂直于 A 面。

(3) 加工 25 的短边,保证其直线度为 0.05mm,并垂直于 A 面和长边。

(4) 分别以加工好的长边和短边为基准划线，确定 40 和 25 尺寸界限。

(5) 将大于 3mm 的加工余量用锯削的方法切割。

(6) 用锉削的方法加工锯割面,保证其 40±0.06 和 25±0.06。

(7) 划 2－M8 中心线和 $R6$ 曲面线。

(8) 用锉削的方法加工 $R6$ 曲面。

(9) 在 2－M8 中心线上打上样冲孔后,在钻床上进行钻孔加工。

(10) 用攻丝的方法进行 2－M8 内螺纹加工。

(11) 去毛刺、抛光、打上钢号。

12.4　注意事项

1. 钻孔操作时的注意事项

(1) 选定钻孔设备,合理选择切削用量。

(2) 钻孔时要先试钻,位置正确后再正式钻孔。孔快钻通时,改机动为手动,并减少进给量。

(3) 根据被钻工件的材料,正确选用冷却液。

(4) 操作旋转机械时,不允许戴手套。

2. 攻丝前底孔大小的确定

钻头直径

$$d = D - P$$

式中:D—内螺纹大径(mm);P—螺距(mm)。

3. 攻丝操作时的注意事项(如图 12－2 所示)

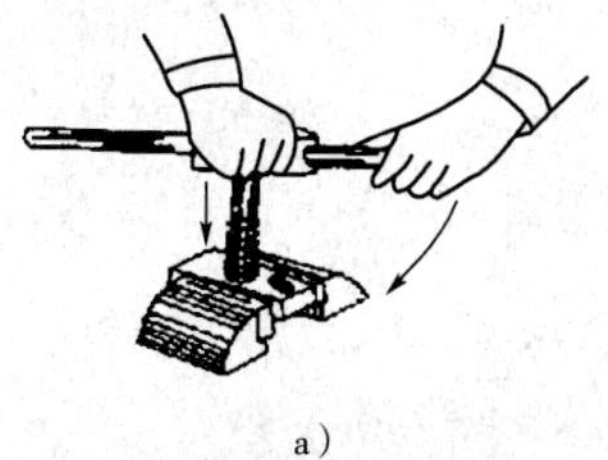

a)

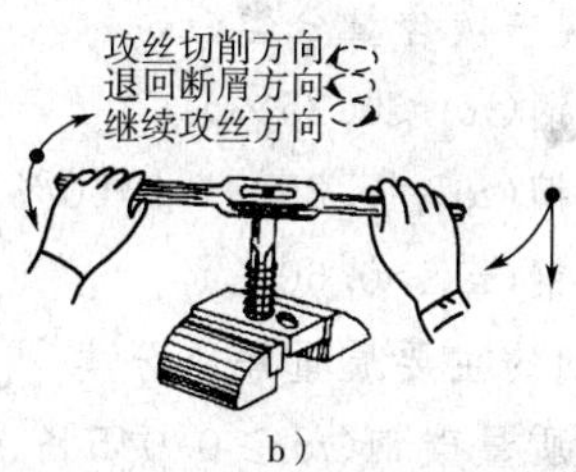

b)

图 12－2　攻螺纹示意图

(1) 钻孔后孔口倒角(如果是通孔则两面孔口都应倒角)。

(2) 攻丝时丝锥必须尽量垂直于孔的中心线的垂直面。

(3) 攻丝时应顺时针旋转，若感到吃力时即逆时针旋转 180 度。再吃力时适当加一点冷却液(根据被攻工件的材质而定)。

(4) 根据螺孔和材料的要求，头锥和二锥要交替使用。

阅读材料

碳　钢

碳钢成分简单，冶炼容易，价格低廉，有较好的力学性能和工艺性能，在钢材总产量占绝大部分，在工业上应用广泛。碳钢在冶炼时不可避免地进入一些杂质元素，对钢的性能和质量有较大影响，应加以控制。常存杂质元素对钢的影响见表 12-1。

表 12-1 常存杂质元素对钢的影响

元　素	主　要　影　响
硅	(1)与钢液中 FeO 生成炉渣，消除 FeO 对钢的不良影响； (2)是钢中有益元素，$w_{si}<0.4\%$时，对钢性能影响不大。
锰	(1)使钢中 FeO 还原成铁，改善钢的质量； (2)与硫生成 MnS，减少硫对钢的有害作用； (3)是钢中的有益元素，$w_{Mn}=0.25\%\sim0.80\%$时，对钢性能影响不大。
硫	(1)以 FeS 存在于钢中，当钢在 1000℃以上进行热加工时，使钢变脆，称为热脆； (2)对钢的焊接性能不利，易引起焊缝热裂； (3)是钢中有害元素，应严格控制硫含量。
磷	(1)能使钢的硬度)强度有所提高，但塑性、韧性显著降低，在低温时脆性严重(称为冷脆)； (2)是钢中有害元素，应严格控制磷含量。

1. 碳钢的分类

碳钢分类方法很多，常见的分类如下：

(1) 按钢中碳含量分类

① 低碳钢($w_c<0.25\%$)

② 中碳钢($w_c=0.25\%\sim0.60\%$)

③ 高碳钢($w_c>0.60\%$)

(2) 按钢的主要质量等级分类

① 普通质量碳钢($w_s\geqslant0.045\%$、$w_p\geqslant0.045\%$)

普通质量碳钢是指不规定生产过程中需要特别控制质量要求的钢种。主要包括：一般用途碳素结构钢、碳素钢筋钢、铁道用一般碳钢、一般钢板桩型钢。

② 优质碳钢(硫、磷含量比普通质量碳钢少)

优质碳钢是指除普通质量碳钢和特殊质量碳钢以外的碳钢，在生产过程中需要特别控

制质量(例如控制晶粒度,降低硫、磷含量,改善表面质量或增加工艺控制等)。主要包括:机械结构用优质碳钢、工程结构用优质碳钢、冲压薄板的低碳结构钢、锅炉和压力容器用碳钢、造船用碳钢、铁道用优质碳钢、焊条用碳钢、非合金易切削钢、优质铸造碳钢等。

③ 特殊质量碳钢($w_s \leqslant 0.020\%$、$w_p \leqslant 0.020\%$)

特殊质量碳钢是指在生产过程中需要特别严格控制质量和性能(例如控制淬透性和纯洁度)的碳钢。主要包括:保证淬透性碳钢、铁道用特殊碳钢、航空、兵器等专用碳钢、特殊焊条用碳钢、碳素弹簧钢、特殊易切削钢、碳素工具钢和中空钢等。

(3) 按钢的用途分类

① 碳素结构钢

用于制造机械零件、工程结构件。一般属于低、中碳钢。

② 碳素工具钢

用于制造刃具、量具和模具。一般属于高碳钢。

此外,钢按冶炼时脱氧方法不同,分为沸腾钢、镇静钢和半镇静钢等。

2. 碳钢的牌号、性能及用途

(1)碳素结构钢

按国标 GB/T 700—1988 规定,其牌号由代表屈服点的字母 Q、屈服点数值、质量等级符号、脱氧方法符号四部分组成。质量等级有:A 表示 $w_s \leqslant 0.050\%$,$w_p \leqslant 0.045\%$;B 表示 $w_s \leqslant 0.045\%$,$w_p \leqslant 0.045\%$;C 表示 $w_s \leqslant 0.040\%$,$w_p \leqslant 0.040\%$;D 表示 $w_s \leqslant 0.035\%$,$w_p \leqslant 0.035\%$。

脱氧方法有 F(沸腾钢)、b(半镇静钢)、Z(镇静钢)、TZ(特殊镇静钢)四种,通常 Z 和 TZ 可省略。例如 Q235—A·F,表示 $\sigma_s \geqslant 235$MPa,质量等级为 A 级,脱氧方法为沸腾钢的碳素结构钢。常用碳素结构钢牌号、性能特点及用途见表 12-2。

表 12-2 碳素结构钢牌号、性能特点及用途

牌号	等级	性能特点	用途举例
Q195		塑性好,有一定的强度	用于载荷较小的钢丝、垫圈、铆钉、开口销、拉杆、地脚螺栓、冲压件、焊接件等
Q215	A	塑性好、焊接性好	用于钢丝、垫圈、铆钉、拉杆、短轴、金属结构件、渗碳件、焊接件等
	B		
Q235	A	有一定的强度、塑性、韧性、焊接性好、易于冲压、可满足钢结构的要求,应用广泛	用于连杆、拉杆、轴、螺栓、螺母、齿轮等机械零件及角钢、槽钢、圆钢、工字钢等型材;C级、D级用于较重要的焊接件
	B		
	C		
	D		
Q255	A	强度较高,塑性、焊接性尚好,应用不如 Q235 广泛	用于轴、拉杆、吊钩、螺栓、键等机械零件,各种型材
	B		
Q275		较高的强度,塑性、焊接性较差	用于强度要求较高的轴、连杆、齿轮、键、金属构件

(2) 优质碳素结构钢

优质碳素结构钢的牌号用两位数字表示，两位数字表示钢平均含碳量的万分数。40钢，表示平均 $w_c=0.40\%$。含锰量较高（$w_{Mn}=0.7\%\sim1.2\%$）的钢，在两位数字后面写“Mn”。如60Mn钢，表示平均 $w_c=0.60\%$，并含有较高的锰（$w_{Mn}=0.7\%\sim1.0\%$）。脱氧方法表示法同碳素结构钢。如果是高级优质钢，在牌号后面加“A”；特级优质钢，在牌号后面加“E”。优质碳素结构钢分类见表12-3。

表12-3 优质碳素结构钢按冶金质量分类(摘自GB/T699—1999)

组别	w_p/%	w_s/%	号
	不大于		
优质钢	0.035	0.035	—
高级优质钢	0.030	0.030	A
特级优质钢	0.025	0.020	E

优质碳素结构钢随含碳量不同力学性能有较大差别，使用上也各不相同，见表12-4。

表12-4 优质碳素结构钢的用途

钢号	用途举例
08F 08	大多生产成为高精度的薄板，用来制造深冲压和深拉伸的制品，如各种贮器、搪瓷制品、仪表板等；也用来制造管子、垫片及心部强度要求不高的渗碳或液体碳氮共渗零件
10	一般用作拉杆、卡头、钢管垫片、垫圈、铆钉用的冷拔钢、冷扎钢带、钢丝、钢板和器材等；也可用作冷压深冲制品，如炮弹壳、深冲器皿等
15	用来制造机械上的渗碳零件、坚固零件、冲模锻件及不需热处理的低负荷零件，如螺栓、螺钉、拉条、法兰盘及化工机械用的贮器、蒸汽锅炉等
20	用于不经受很大应力而要求高韧性的各种机械零件，如杠杆、轴套、螺钉、拉杆、起重钩等，也用作制造在6MPa(60大气压)、450以下及非腐蚀介质中使用的管子、导管等；还可用于心部强度不大的渗碳与液体碳氮共渗零件，如轴套、链条的滚子、轴以及不重要的齿轮、链轮等
25	用作热锻和热冲压的机械零件，机床上的渗碳及液体碳氮共渗零件，以及重型和中型机械制造中负荷不大的轴、辊子、连接器、垫圈、螺栓、螺钉、螺母等，还可用作铸钢件
30	用作热锻和热冲压的机械零件，冷拉丝，重型和一般机械用的轴、拉杆、套环以及机械上用的铸件，如气缸、汽轮机机架、轧钢机机架、机床机架、飞轮等
35	用作热锻和热冲压的机械零件，冷拉和冷顶锻钢材，无缝钢管，机械制造中的零件，如转轴、曲轴、轴销、杠杆、连杆、横梁、行星轮、套筒、轮圈、钩环、垫圈、螺钉、螺母等；还可用来铸造汽轮机机身、轧钢机机身、飞轮、均衡器等
40	用来制造机器的运动零件，如辊子、轴、曲柄销、传动轴、活塞杆、连杆、圆盘等，以及火车的车轴
45	用来制造轴类、齿轮、紧回件以及表面淬火件，是应用最广的优质碳素结构钢
50	用于耐磨性要求高、动载荷及冲击作用不大的零件，如锻造齿轮、拉杆、轧辊、轴摩擦盘、次要的弹簧，农机上的掘土犁铧、重负荷的心轴与轴等
55	用于制造齿轮、连杆、轮圈、轮缘、扁弹簧及轧辊等
60	用于制造轧辊、轴、偏心轴、弹簧圈、弹簧、各种垫圈、离合器、凸轮、钢丝绳等
65	用于制造气门弹簧、弹簧圈、轴、轧辊、各种垫圈、凸轮及钢丝绳等

（续表）

钢　号	用　途　举　例
70	用作铁道车辆、汽车、拖拉机以及一般机器上圆、扁弹簧或钢丝、钢带等
15Mn 20Mn	用于制造中心部分的力学性能要求较高且需渗碳的零件
30Mn	用于制造螺栓、螺母、螺钉、杠杆、刹车踏板，还可用冷拉钢制造在高应力下工作的细小零件，如农机上的钩环链等
40Mn	用于制造承受疲劳负荷的零件，如轴辊及高应力下工作的螺钉、螺母等
50Mn	用于制造耐磨性要求很高、在高负荷作用下的零件，如齿轮、齿轮轴、摩擦盘和直径在80mm以下的心轴等
60Mn 65Mn	用作较大尺寸的各种扁、圆弹簧，如座垫板簧、弹簧发条，也用作弹簧环、气门簧、冷拔钢丝(<7mm)的冷卷形弹簧；还可用作轻型载重汽车及小汽车的离合器弹簧与制动弹簧，以及农机上经受摩擦的零件，如犁、切刀等

(3)碳素工具钢

碳素工具钢的牌号用“碳”的汉语拼音字首“T”加数字(表示钢的平均 w_c 的千分数)表示。如，T8表示 w_c0.80%的碳素工具钢；高级优质碳素工具钢的牌号是在碳素工具钢的牌号后加注“A”。如，T8A，表示钢中硫、磷含量比T8中的少。这类钢的 w_c=0.65%～1.35%，一般经淬火低温回火后使用，用于要求不很高的刃具、量具和模具。碳素工具钢的牌号、性能和用途见表12-5。

表12-5　碳素工具钢的牌号、性能和用途

牌　号	硬　度			用　途　举　例
	退火状态	试样淬火		
	HBS 不大于	淬火温度(℃) 和冷却剂	HRC 不小于	
T7 T7A	187	800～820 水	62	用于需韧性较好、硬度要求不高的工具，如錾子、锤子、模具、木工工具等
T8 T8A	187	780～800 水	62	用于需较好韧性，有一定硬度的工具，如钳工工具、冲模、木工工具、剪刀等
T8Mn	187	780～800 水	62	与T8相似，因加入锰，提高了淬透性，可用于制造截面较大的工具
T9 T9A	192	760～780 水	62	用于需较高硬度、一定韧性的低速刃具，如刨刀、冲模、丝锥、扳牙、手工锯条、卡尺等
T10 T10A	197	760～780 水	62	用于需较高硬度、一定韧性的低速刃具，如丝锥、板牙、拉丝模、锯条等
T11 T11A	207	760～780 水	62	用途与T10，T10A基本相同
T12 T12A	207	760～780 水	62	用于需高硬度、不受振动的低速刃具，如锉刀、刮刀、钻头、外科用刃具等
T13 T13A	217	760～780 水	62	用途与T12、T12A基本相同

(4)铸钢

碳素铸钢的含碳量一般在0.15%～0.60%范围内。按GB/T5613—1995规定，铸钢代号用“铸”和“钢”两字汉语拼音的字首“ZG”表示。牌号有两种表示方法：以强度表示时，在“ZG”后面有两组数字，第一组数字表示该牌号屈服点的最低值，第二组数字表示其抗拉强度的最低值，两组数字间用“—”隔开。如ZG200—400，表示屈服点的最低值为200MPa、抗拉强度的最低值为400MPa的铸钢。常用铸钢的牌号、主要性能和用途见表12-6。

表12-6　铸钢的牌号、主要性能和用途

牌　号	主要性能	用途举例
ZG200—400	有良好的塑性，韧性和焊接性，焊补不需预热	用于受力不大，要求韧性好的各种机械零件，如机座、变速箱壳等
ZG230—450	有一定的强度和较好的塑性、韧性，良好的焊接性，焊补可不预热，切削性尚好	用于受力不大，要求韧性好的各种机械零件，如钻座轴承盖、外壳、底板、阀体等
ZG270—500	有较好强度、塑性，焊接性能尚好	用于轧钢机架、模具、箱体、缸体、连杆、曲轴等
ZG310—570	强度和切削性较好，焊接性差，焊补要预热	用于载荷较大的耐磨件，如辊子、缸体、齿轮、制动轮、联轴器、机架等
ZG340—640	有较高硬度、强度和耐磨性，切削性能中等，焊接性差，焊补要预热	用于齿轮、棘轮、叉头、车轮等

第十三章

综合训练六——直角模块加工

学习目标

1. 了解钻孔、攻丝的正确操作，掌握钻孔、攻丝的工具选用和操作技能。
2. 知道基准选用原则。
3. 能独立编排加工工艺。

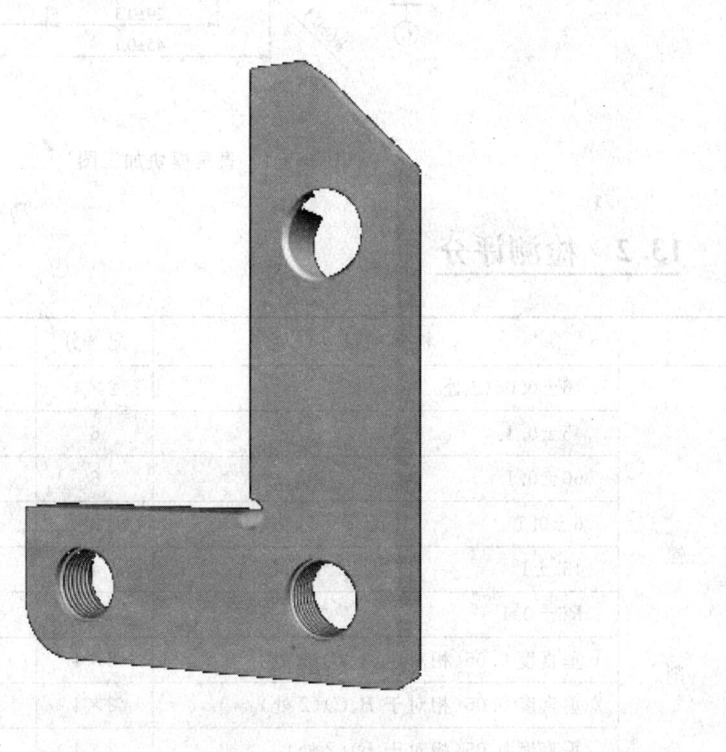

13.1　直角模块加工

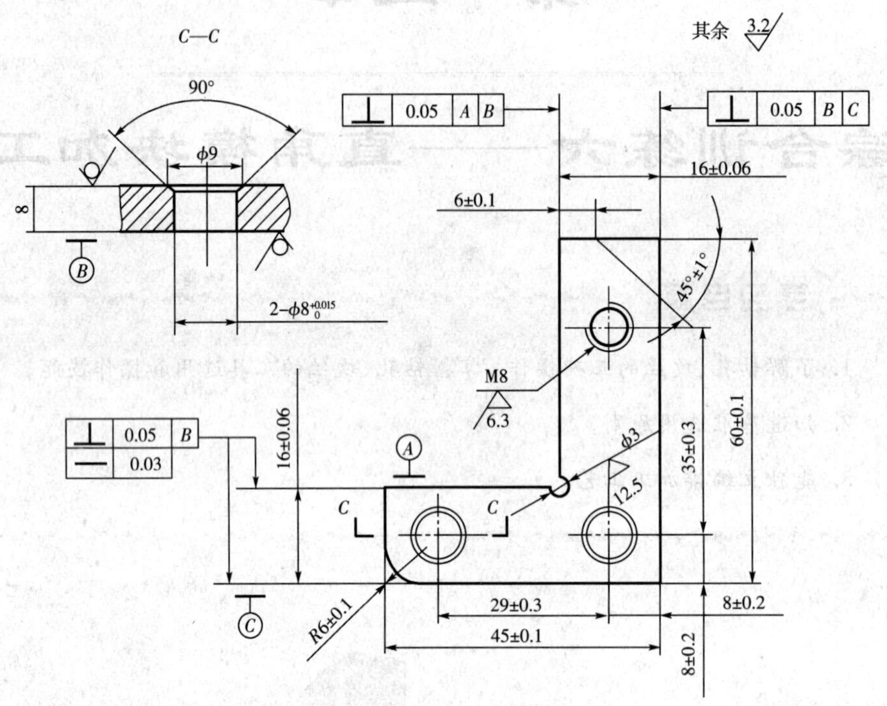

图 13-1　直角模块加工图

13.2　检测评分

	检验项目	配　分	评分标准
锉削	16±0.06(2 处)	2×4	每超差 0.01 扣 1 分
	45±0.1	6	每超差 0.02 扣 1 分
	60±0.1	6	每超差 0.02 扣 1 分
	6±0.1	3	每超差 0.05 扣 1 分
	45°±1°	4	超差不得分
	*R*6±0.1	3	每超差 0.05 扣 1 分
	垂直度 0.05(相对于 *A*、*B*)(2 处)	2×4	每超差 0.01 扣 1 分
	垂直度 0.05(相对于 *B*、*C*)(2 处)	2×4	每超差 0.01 扣 1 分
	垂直度 0.05(相对于 *B*)(2 处)	2×4	每超差 0.01 扣 1 分
	直线度 0.03(2 处)	2×4	每超差 0.01 扣 1 分
	粗糙度 3.2 (8 处)	8×1	每处低一级扣 0.5 分

（续表）

	检验项目	配　分	评分标准
攻螺纹	M8	3	不能用手旋入不得分
	35±0.3	3	每超差 0.05 扣 1 分
	粗糙度 $\overset{3.2}{\bigtriangledown}$	1	每处低一级扣 0.5 分
铰削	ϕ8±0.015(2 处)	2×3	超差不得分
	8±0.2	2×2	每超差 0.05 扣 1 分
	29±0.3	3	每超差 0.05 扣 1 分
	粗糙度 $\overset{3.2}{\bigtriangledown}$ (2 处)	2×1	每处低一级扣 0.5 分
缺陷扣分			视严重程度扣 1～10 分
钳工实训			项目完成时间 8 小时
直角模块			材料:Q235
			坯料:48×63×8

13.3　工艺制作过程

(1) 加工 60 的长边,保证其直线度为 0.05 并垂直于 B 面。

(2) 加工 45 的短边,保证其直线度为 0.05 并垂直于 B 面;还应垂直于长边。

(3) 分别以 60 的长边、45 的短边为基准,以 16 尺寸划平行线并相交,再分别划一条 18 的锯割线。

(4) 先在 16 的交点上钻 ϕ3 的工艺孔,再按 18 的线锯割加工余量。

(5) 用锉削的方法加工锯割面,保证 16±0.06,并相互垂直,还应垂直于 B 面,并分别平行于 60 和 45 两条边。

(6) 分别以 60 和 45 两条边为基准,划 60 和 45 的尺寸线,加工成 60×45。

(7) 以 8 为尺寸线,划平行于 60 的直线,在此尺寸上加 29 再划平行于 60 的第二条直线;以 8 为尺寸线,划平行于 45 的直线,在此尺寸上加 35 再划平行于 45 的第二条直线;确定 2×ϕ8 和 M8 的中心点,再以图纸所标尺寸界限划出 45°角的界线及 R6 的曲面线。

8. 先在 2×ϕ 和 M8 的中心点上打上样冲孔,再在钻床上用 ϕ6.7 的钻头钻一个 M8 的底孔,然后分别用 ϕ5、ϕ7.8 的钻头钻 2×ϕ8 的两个底孔,并分别倒 90°角,最后用丝锥攻 M8 的内螺纹,并用 ϕ8 的铰刀进行铰孔。

9. 先锯割 450°角(留一定锉削余量),后锉削 45°和 R6,保证满足图纸要求。

10. 去毛刺、抛光、打上学号。

以上编制的直角模块加工工艺是否有问题,请同学们思考,并加以改进。

阅读材料

钢的热处理

热处理是采用适当的方式对金属材料或工件(以下简称工件)进行加热、保温和冷却以获得预期的组织结构与性能的工艺。

热处理能显著提高钢的力学性能,满足零件使用要求和延长寿命;还可改善钢的加工性能,提高加工质量和劳动生产率,因此热处理在机械制造中应用很广。如汽车、拖拉机中有70%～80%的零件要进行热处理;各种刀具、量具、模具等几乎100%要进行热处理。热处理按目的与作用不同,分为三类:整体热处理、表面热处理和化学热处理。

1. 钢的退火与正火

(1) 退火

退火是将工件加热到适当温度,保持一定时间,然后缓慢冷却的热处理工艺。

退火的目的主要是:

① 低钢的硬度、提高塑性,改善切削加工和压力加工性能。

② 均匀钢的成分,细化晶粒,改善组织与性能。

③ 消除工件的残留应力,防止变形和开裂。

④ 为以后的热处理作准备。

根据钢的成分和退火目的不同,退火可分为完全退火、等温退火、球化退火、均匀化退火、去应力退火等。

(2) 正火

正火是将工件加热奥氏体化后在空气中冷却的热处理工艺。

正火目的与退火目的基本相同。正火与退火区别是正火冷却速度较快,得到的晶粒较细,硬度和强度较退火的高;操作简单,生产周期短,成本较低。

正火的应用与退火一样,一般作为预备热处理,被安排在毛坯生产之后,粗加工(或半精加工)之前。对合金调质钢,正火获得均匀而细密的组织,为调质处理(淬火加高温回火)做好组织准备;对过共析钢,正火可消除网状渗碳体,为球化退火做好组织准备;对低碳钢或低碳合金钢,正火可细化晶粒,提高硬度,改善其切削加工性(适宜的切削加工硬度为170～230HBS);对性能要求不高的零件,以及一些大型或形状复杂的零件,淬火容易开裂时,也可用正火作为最终热处理。

2. 淬火

淬火是将工件加热后以适当方式冷却获得较高的硬度、强度和耐磨性的热处理工艺。淬火的目的是为了提高钢的硬度、强度和耐磨性。

淬火工艺有两个概念应加以重视和区别,一是淬硬性,一是淬透性。淬硬性是指钢经淬火后能达到的最高硬度,主要取决于钢中的碳含量,碳含量愈高,获得的硬度愈高。淬透性是指钢经淬火获得淬硬层深度的能力,淬透性愈好,淬硬层愈厚。淬透性主要取决于钢的化学成分和淬火冷却方式。一般来说,含碳量相同的碳素钢与合金钢的淬硬性没有差别,而合金钢的淬透性高于碳素钢。因此,有些合金钢例如高速钢,可以采用空气冷却淬火。

3. 回火

回火是工件淬硬后加热到一定温度,保温一定时间,然后冷却到室温的热处理工艺。

回火一般紧接着淬火进行,其目的是:

(1)除去工件淬火时产生的残留应力,防止变形和开裂。

(2)调整工件的硬度、强度、塑性和韧性,达到使用性能要求。

(3)稳定组织与尺寸,保证精度。

(4)改善和提高加工性能。因此,回火是工件获得所需性能的最后一道重要工序。

按回火温度范围,回火可分为低温回火、中温回火和高温回火。

工件淬火并高温回火的复合热处理工艺称为调质。调质不仅作最终热处理,也可作一些精密零件或感应淬火件的预备热处理。

4. 钢的表面热处理

表面热处理常用的方法是表面淬火。表面淬火是仅对工件表层进行的淬火,一般包括感应淬火、火焰淬火等。表面淬火目的是使工件表层具有高硬度、耐磨性,而心部具有足够的强度和韧性。

感应淬火是利用感应电流通过工件所产生的热量,使工件表层、局部或整体加热并快速冷却的淬火。感应电流透入工件表层的深度主要决定于交流电频率的高低。频率越高,淬硬层深度越浅。

火焰淬火是利用氧—乙炔(或其它可燃气)火焰使工件表层加热并快速冷却的淬火。其淬硬层深度一般为 2～6mm。

5. 钢的化学热处理。

化学热处理种类很多,最常用的是渗碳和渗氮。

渗碳是为提高工件表层的含碳量并在其中形成一定的碳含量梯度,将工件在渗碳介质中加热、保温,是原子渗入的化学热处理工艺。渗碳按介质不同,分为固体渗碳、液体渗碳和气体渗碳。其中气体渗碳生产率高,劳动条件好,渗碳过程易于控制,渗层质量好,适于大批量生产,应用最广。工件渗碳后必须淬火低温回火,使表层具有高的硬度和耐磨性;心部仍保持原有低碳钢的成分和组织,具有高的塑性和韧性。

渗氮(氮化)是在一定的温度下于一定介质中使氮原子渗入工件表层的化学热处理工艺。目前应用最广的是在可提供活性氮原子的气体中进行的渗氮,称为气体渗氮。由于渗氮温度低,渗氮后工件变形小,渗氮层硬度提高(1000～1200HV),耐磨性好渗氮层存在压应力,耐疲劳性好,渗氮层致密,有较好的耐蚀性。

第十四章

综合训练七——加工异形体

学习目标

1. 了解立体划线的步骤。
2. 掌握斜面锯削的要点。
3. 知道锉削斜面的基本步骤。
4. 会形位公差的测量。

14.1　加工异形体

(1)按照图 14-1 及技术要求制作。

(2)所有的加工尺寸及其形位公差、表面粗糙度均是考核项目。

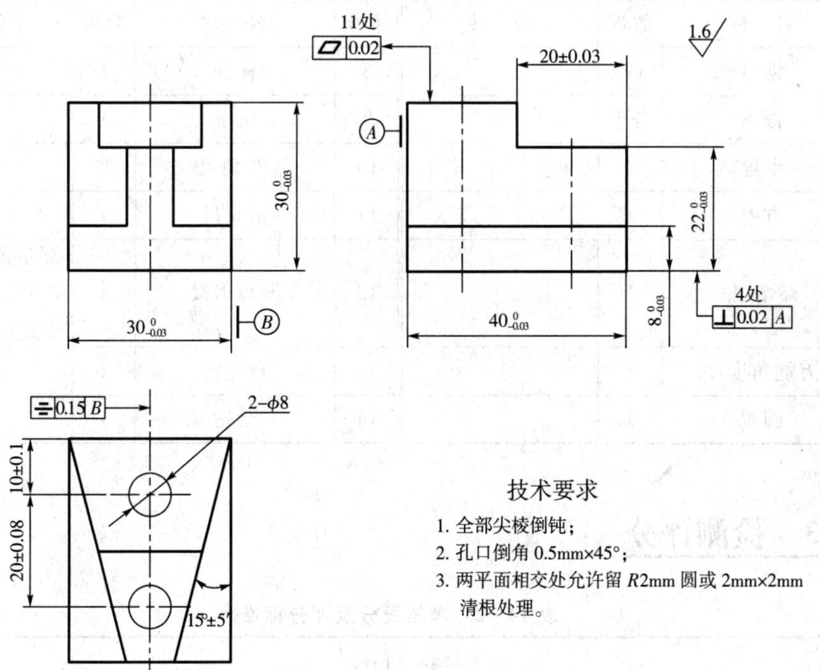

图 14-1　异形体加工图

14.2　准备

(1)按照图 14-2 要求准备坯料。

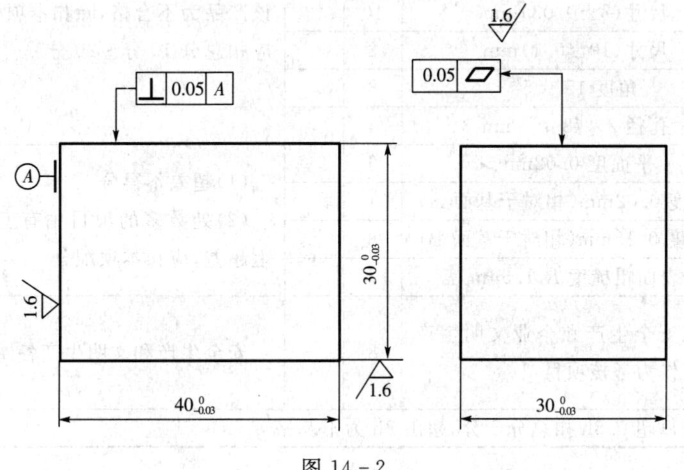

图 14-2

(2)按照表 14－1 备齐合格的工具、量具、刃具和夹具。

(3)认真读懂图样，以免错漏现象发生。

(4)场地要符合有关安全文明生产的规定。

(5)检查、调整设备，使之符合加精度的要求。

表 14－1　工具、量具、刃具及设备清单

序号	名　称	数量	备　注	序号	名　称	数量	备　注
1	锯弓	1		8	样冲	1	
2	锯条	若干		9	锤子	1	
3	平锉	1		10	90°角尺	2	
4	方锉	1		11	钢直尺	1	
5	ϕ8 钻头	1		12	游标卡尺	1	测量范围：0～125mm，分度值为 0.02mm
6	万能角度尺	1		13	台虎钳	1	
7	圆规	1		14	台钻	1	

14.3　检测评分

表 14－2　考核配分及评分标准

项目	编号	考核项目	配分	检测记录	评分标准	得分
主要项目	1	尺寸 $30_{-0.03}^{0}$ mm 2 处	10		(1)超出公差带≤100%，扣 1/2 超出公差带＞150%，扣本项分 (2)有五项超出公差带 150%，该产品为不合格，除扣本项分外，应扣总分 10 分～20 分	
	2	尺寸 $40_{-0.03}^{0}$ mm	7			
	3	尺寸(20±0.03)mm	8			
	4	尺寸 $22_{0-0.03}^{0}$ mm	8			
	5	尺寸(20±0.08)mm	10			
	6	尺寸(8±0.03)mm	10			
	7	尺寸(10±0.1)mm	2			
	8	角度 15°±5′	8			
	9	孔径 $2\times\phi 8_{0}^{+0.08}$ mm	4			
一般项目	1	平面度 0.02mm	6		(1)超差不得分 (2)处数多的项目中有五处以上超差，应扣本项配分	
	2	垂直度 0.02mm(相对于基面 A)	4			
	3	对称度 0.15mm(相对于基面 B)	8			
	4	表面粗糙度 R_a1.6μm	7			
安全文明生产	依据国家安全生产和企业文明生产的有关规定作为考核项目		8		安全生产和文明生产各 4 分	
其他	考试时间每超 0.5h 扣总分 5 分，超出 2h 为不及格					

14.4 工艺制作过程

(1) 审阅图纸,检查毛坯料。

(2) 选择基准面,以底面、左面、和前面为基准面(针对视图中零件摆放位置而言),并加工基准面,检查。

(3) 加工 30×40×30 长方体

(4) 按图划线,注意划线先后顺序,以免错漏现象发生,打样冲孔,检查。

(5) 用 ϕ7.8 钻头钻 ϕ8 预备孔,检查。

(6) 锯 15°±5′两斜面至尺寸,锯 20×22 台阶面,注意留锉削余量。

(7) 锉斜面,台阶面至尺寸,检查。

(8) 铰 2×ϕ8 孔至尺寸,检查。

(9) 终检。

阅读材料

电工常识

1. 自用设备电器的种类

(1) 电钻

电钻的基本用途是对金属、塑料等材料钻孔。电钻的规格是指对 45 钢加工的最大钻孔直径。电钻有手枪式和手提式两种。通常采用 220V 或 360V 的交流电源。

(2) 台式钻床(简称台钻)

它一般是用来加工直径小于 12mm 的孔,能调节三档或五挡转速。变速时必须停车。

(3) Z3050 摇臂钻床

Z3050 摇臂钻床主要由底座、内立柱、外立柱、摇臂、主轴箱、工作台等组成。其上共有四台电动机,它们分别是主轴电动机、摇臂升降电动机、液压油泵电动机和冷却泵电动机。

2. 安全用电常识

(1) 移动式电器具的安全使用

① 电钻 使用前应检查电源的引线和插头、插座是否完好无损,通电后用验电笔检查是否漏电。为保证安全,使用电压为 220V 的电钻时应带绝缘手套;在潮湿环境中应采用电压为 36V 的电钻。

② 电风扇 每年取出使用时,应先经过全面检查,其中包括检测绝缘电阻(应不小于 0.5MΩ)。搬动电扇时,应先切断电源开关。

③ 行灯 不准将 220V 普通电灯作为行灯使用。行灯电压应为 36V。行灯应有绝缘手柄和金属护罩,灯泡铜头不准外露。行灯禁用灯头开关。

(2) 触电急救

① 使触电者迅速脱离电源 出事地附近有电源开关时,应立即断开开关,以切断电源。

若开关距离太远，可用干燥的木棒、竹杆等绝缘物将电线移掉，也可用带绝缘柄的钢丝钳等切断电源。

② 急救措施　将脱离电源的触电者迅速移至比较通风干燥的地方，使其仰卧，将上衣与裤带放松。对有心跳而呼吸停止的触电者，应采用“口对口人工呼吸法”进行抢救，对有呼吸而心脏停止跳动的触电者应采用“胸外心脏挤压法”进行抢救。

专业数学计算知识

在钳工的日常加工和装配中，经常需要对一些几何形体进行间接测量和计算，如锥度、斜度、V 形槽及燕尾槽等。现将这些常见的几何形体的测量与计算简单介绍如下：

1. 锥度计算

圆锥形零件的大端直径和小端直径之差与锥长之比叫锥度。一些直径较大的钻头和立铣刀的柄部均采用圆锥形。它具有配合紧密，定位准确和装卸方便等优点。锥度无单位，常用分数或比例的形式写出，如 1/5 或 1∶5。

锥度(K)的计算公式如下

$$K=\frac{D-d}{L}=\tan 2\alpha$$

式中：D——大端直径(mm)；

d——小端直径(mm)；

L——锥长(mm)；

2α——锥角(°)(度)。

2. 斜度计算

工件上某面对于基面线的倾斜程度叫斜度。如常见夹具中的斜楔夹紧机构中的斜楔及某些样板都是斜度问题。斜度无单位，常用分数或比例的形式写出，如 1/50 或 1∶50。

斜度(M)的计算公式如下

$$M=\frac{H-h}{L}=\tan\alpha$$

式中：H——大端高(mm)；

h——小端高(mm)；

L——长度(mm)；

α——斜楔角(°)(度)。

钳工考试模拟试题

应知考试模拟试题(一)

一、填空题(请将正确的答案填在横线空白处)(20分)

1. 用来引导刀具,使其相对工件有一个正确位置的元件叫________。

2. 大型工件在划线时,当工件长度超过平台1/3时,可采用________法来解决缺乏大型平台的困难(不允许接长台)。

3. 车间生产管理主要包括________管理、________管理、________管理、________管理四个方面。

4. 对特大型和重型工件,可采用平尺调整、________、________等方法进行划线。

5. 齿轮传动常见的失效形式有:________、________、________、________、________。

6. 液压系统中单向阀的作用是____。

7. 在切削过程中,工件上形成________、________、________三个表面。

8. 弹簧的用途有:________、________、________、________。

9. 锪钻钻头分:________、________、端面锪钻三类。

10. Q235是属于________钢,T7是属于________钢。

二、判断题(下列判断题正确的打"√",错误的打"×")(共20分)

1. 广泛应用的三视图为主视图、俯视图、左视图。 (　　)

2. 45钢含碳量比65钢高。 (　　)

3. V带传动时,带与带轮靠侧面接触来传递动力。 (　　)

4. 夹具分为通用夹具、专用夹具、组合夹具等。 (　　)

5. 丝锥、扳手、麻花钻多用硬质合金制成。(　　)

6. 划线时涂料只有涂得较厚,才能保证线条清晰。 (　　)

7. 锯条装反后不能正常锯削,原因是前角为负值。 (　　)

8. 錾子前角的作用是减小切削变形,使切削较快。 (　　)

9. 粗齿锉刀适用于锉削硬材料或狭窄平面。 (　　)

10. 粘接剂中的"万能胶"什么都能粘。 (　　)

11. 所有的金属材料都能进行校直与变形加工。 (　　)

12. 将要钻穿孔时,应减小钻头的进给量,否则易折断钻头或卡住钻头等。 (　　)

13. 手铰过程中要避免刀刃常在同一位置停歇,否则易使孔壁产生振痕。 (　　)

14. 铰铸铁孔加煤油润滑,铰出的孔径略有缩小。 (　　)

15. 刮花的目的是为了美观。　（　　）

16. 手攻螺纹时，每扳转绞杠一圈就应倒转 1/2 圈，不但能断屑，且可减少切削刃因粘屑而使丝锥轧住的现象发生。　（　　）

17. 润滑油的牌号数值越大，粘度越高。　（　　）

18. 在密封性试验中，要达到较高压力多采用液压试验。　（　　）

19. 在拧紧成组紧固螺栓时，应对称循环拧紧。　（　　）

20. 铣床上铣孔要比镗床上镗孔精度高。　（　　）

三、选择题（下列选项中只有一个是正确的，将正确答案的序号填入括号内）（共 60 分）

1. 下列刀具材料中红硬性最好的是（　　）。

A. 碳素工具钢　B. 高速钢　C. 硬质合金

2. 液压传动的动力部分的作用是将机械能转变成液体的（　　）

A. 热能　B. 电能　C. 压力势能

3. 液压传动的动力部分一般指（　　）

A. 电动机　B. 液压泵　C. 储能器

4. 液压传动的工作部分的作用是将液压势能转换成（　　）

A. 机械能　B. 原子能　C. 光能

5. （　　）是用来调定系统压力和防止系统过载的压力控制阀。

A. 回转式油缸　B. 溢流阀　C. 换向阀

6. 油泵的及油高度一般应限制在（　　）以下，否则易于将油中空气分离出来，引起气蚀。

A. 1000mm　B. 6000mm　C. 500mm

7. 液压系统的油箱中油的温度一般在（　　）范围内比较合适。

A. 40℃～50℃　B. 55℃～65℃　C. 65℃～75℃

8. 液压系统的蓄能器是储存和释放（　　）的装置。

A. 液体压力能　B. 液体热能　C. 电能

9. 流量控制阀是靠改变（　　）来控制、调节油液通过阀口的流量，而使执行机构产生相应的运动速度。

A. 液体压力大小　B. 液体流速大小　C. 通道开口的大小

10. 开关、按钮、接触器属于（　　）

A. 控制电器　B. 保护电器

11. 熔断器、热继电器属于（　　）

A. 控制电器　B. 保护电器

12. （　　）是用以反映工作行程位置，自动发出命令以控制运动方向和行程大小的一种电器。

A. 按钮　B. 组合开关　C. 行程开关

13. 将电动机与具有额定电压的电网接通，使电动机起动以致运转，称为（　　）

A. 降压起动　B. 直接起动

14. 电动机减压起动的方法有多种，但实质都是为了（　　）电动机的启动电流。

A. 增大　B. 减小　C. 不变

15. 减压起动时电动机的起动转矩(　　)

A. 增大　　B. 减小　　C.

16. 一般空气自动开关(空气开关)具有(　　)保护能力。

A. 过载和短路　　B. 防雷防爆

17. 电路中电流电压及电动势的大小、方向都随时间按正弦函数规律变化的电流,称为(　　)

A. 自感电流　　B. 直流电　　C. 交变电流

18. 我国电网的频率是(　　),习惯称“工频”。

A. $f=60$Hz　　B. $f=50$Hz　　C. $f=100$Hz

19. 交流电的电压、电流通常是指其(　　)

A. 最大值　　B. 有效值　　C. 平均值

20. 在任何力的作用下,保持大小和形状不变的物体称为(　　)

A. 固体　　B. 刚体　　C. 钢件

21. 在空间受到其它物体限制,因而不能沿某些方向运动的物体,称为(　　)

A. 自由体　　B. 非自由体

22. 能使物体运动或产生运动趋势的力,称(　　)

A. 约束反力　　B. 主动力

23. 滚动轴承的温升不得超过(　　),温度过高时应检查原因并采取正确措施调整。

A. 60℃～65℃　　B. 40℃～50℃　　C. 25℃～30℃

24. 将滚动轴承的一个套圈固定,另一套圈沿径向的最大移动量称为(　　)

A. 径向位移　　B. 径向游隙　　C. 轴向游隙

25. 轴承在使用中滚子及滚道会磨损,当磨损达到一定程度,滚动轴承将(　　)而报废。

A. 过热　　B. 卡死　　C. 滚动不平稳

26. 当磨钝标准相同时,刀具耐用度愈大表示刀具磨损(　　)。

A. 愈快　　B. 愈慢　　C. 不变

27. 刀具表面涂层硬质合金,目的是为了(　　)。

A. 美观　　B. 防锈　　C. 提高耐用度

28. 磨削的工件硬度高时,应选择(　　)的砂轮。

A. 较软　　B. 较硬　　C. 任意硬度

29. 用三个支承点对工件的平面定位,能限制(　　)的自由度。

A. 三个移动　　B. 三个转动　　C. 一个移动、两个转动

30. 在夹具中,用来确定刀具对工件的相对位置和相对进给方向,以减少加工中位置误差的元件和机构统称(　　)。

A. 刀具导向装置　　B. 定心装置　　C. 对刀块

31. 夹具中布置六个支承点,限制了六个自由度,这种定位称(　　)。

A. 完全定位　　B. 过定位　　C. 欠定位

32. 当空间平面平行投影面时,其投影与原平面形状大小(　　)。

A. 相等　　B. 不相等　　C. 相比不确定

33. 在夹具中,长圆柱心轴作工件定位元件,可限制工件的( )自由度。
A. 三个 B. 四个 C. 五个

34. 长V形架对圆柱定位时,可限制工件的( )自由度。
A. 三个 B. 四个 C. 五个

35. 当加工的孔需要依次进行钻削、扩削、铰削多种加工时,应采用( )。
A. 固定转套 B. 可换钻套 C. 快换钻套

36. 工件在夹具中定位时,在工件底平面均布三个支承点,限制了三个自由度,这个面称( )。
A. 止动基准面 B. 工艺基准 C. 主要基准

37. 刀具刃磨后,开始切削时由于刀面微观不平等原因,其磨损( )。
A. 较慢 B. 较快 C. 正常

38. 在刀具的几何角度中,控制排屑方向的是( )。
A. 后角 B. 刀尖角 C. 刃倾角

39. 车削时,传递切削热量最多的是( )。
A. 刀具 B. 工件 C. 切屑

40. 测量误差对加工( )。
A. 有影响 B. 无影响

41. 用自准直仪测量较长零件直线度误差的方法,属于( )测量法。
A. 直接 B. 角差 C. 比较

42. 离心泵在单位时间所排出的液体量称( )。
A. 流量 B. 体积 C. 容量

43. 移动装配法适用于( )生产。
A. 大批量 B. 小批量 C. 单件

44. 车削时,通常把切削刃作用部位的金属划分为( )变形区。
A. 两个 B. 三个 C. 四个

45. 切削加工时,工件材料抵抗刀具切削所生产的阻力称为( )。
A. 切削力 B. 作用力 C. 切削抗力

46. 当工件材料的强度与硬度低而导热系数大时,切削所产生的温度( )。
A. 高 B. 低

47. 对切削温度影响最大的是( )。
A. 切削速度 B. 进给量 C. 切削深度

48. 成形车刀磨损后多数利用( )刃磨。
A. 人工 B. 万能工具磨床 C. 专用工装及磨具

49. 铰刀磨损主要发生在切削部位的( )。
A. 前刀面 B. 后刀面 C. 切削刃

50. 机床的几何误差包括制造误差、装配误差及( )误差。
A. 磨损 B. 调试 C. 操作

51. 工艺系统没有调整到正确的位置而产生的误差称为( )。
A. 调整误差 B. 装配误差 C. 加工误差

52. 一个 $\phi200^{+0.10}_{0}$ mm 的钢筒在镗床上镗后经珩磨机磨成，我们称这个孔经过了(　　)。

A. 两个工序　　B. 两个工步　　C. 两次进给

53. 一个 $\phi30^{+0.05}_{0}$ mm 的孔在同一个钻床上经钻削、扩削和铰削(　　)加工而成。

A. 三个工序　　B. 三个工步　　C. 三次进给

54. 制造各种结构复杂的刀具的常用材料是(　　)。

A. 碳素工具钢　　B. 高速钢　　C. 硬质合金

55. 增大车刀的前角，则切削(　　)。

A. 变形大　　B. 变形小　　C. 不改变

56. 使工件相对于刀具占有一个正确位置的夹具装置称为(　　)装置。

A. 夹紧　　B. 定位　　C. 对刀

57. 单位时间内通过某断面的液压流体的体积，称为(　　)。

A. 流量　　B. 排量　　C. 容量

58. 液压泵的输入功率与输出功率(　　)。

A. 相同　　B. 不同

59. 液体单位体积具有的(　　)称为液体的密度。

A. 质量　　B. 重量

60. 在要求不高的液压系统可使用(　　)。

A. 普通润滑油　　B. 乳化液

C. 柴油　　D. 水、润滑油、柴油均可

应知考试模拟试题(二)

一、填空题(请将正确的答案填在横线空白处)(20 分)

1. 车床装配后进行精车端面的平面度试验，其目的是检查溜板移动方向对主轴轴线的________精度及溜板移动时本身的________精度。

2. 表示装配单元的划分及其装配先后顺序的图称________图，这种图能简明直观地反映出产品的________。

3. 引起机床振动的振源有________振源和________振源。

4. 当形位公差要求遵守最大实体原则时，应按规定注出符号________。

5. 假想将机件的倾斜部分旋转到与某一选定的基本投影平面平行后，再向该投影面。

6. 影响切削力的因素有________。

7. 刀具磨损的原因主要有 ________、________。

8. 滚动轴承实现预紧的方法有________预紧和轴向预紧两种。

9. 机械制图常见的三种剖视是________、________、________。

10. 划线作业可分两种，即________、________。

11. 锉刀的齿纹有________和________两种。

12. 钻孔时，工件固定不动，钻头要同时完成两个运动________ 、________。

二、判断题(下列判断题正确的打"√",错误的打"×")(共20分)

1. 压力控制阀的种类很多,但其基本特点都是利用油液的压力和弹簧力相平衡的原理来进行工作的。 ( )

2. 精密机床传动部分中某些齿轮基节偏差过大,则有可能使齿轮啮合产生振动和冲击。 ( )

3. 花键一般用于传递较小的转矩。 ( )

4. 联轴器无论在转动或停止时都可以进行离合操作。 ( )

5. 一般来讲,钢的含碳量越高,淬火后越硬。 ( )

6. 精密机床床身导轨的精度直接影响其工作台的直线移动精度。 ( )

7. 铰刀的种类很多,按使用方法可分为手用铰刀和机用铰刀两大类。 ( )

8. 在使用自准直仪时与其相配的反射镜下应放一双脚底座,这底座的双支承面的距离应尽量短些,越短测量精度越准确。 ( )

9. 精密机床的精密性主要表现为传动部分和导轨部分的精密性。 ( )

10. 丝锥、扳手、麻花钻多用硬质合金制成。 ( )

11. 丝杆和螺母之间的相对运动,是把旋转运动转换成直线运动。 ( )

12. 退火的目的是使钢件硬度变高。 ( )

13. 上偏差的数值可以是正值,也可以是负值,或者为零。 ( )1

4. 基准孔的最小极限尺寸等于基本尺寸,故基准孔的上偏差为零。 ( )

15. 精密量具也可以用来测量粗糙的毛坯。 ( )

16. 20Cr 合金钢表示含碳量为 0.2%。 ( )

17. 齿轮齿条传动是把直线运动变为旋转运动。 ( )

18. 采用交叉皮带传动能使两带轮转向相同。 ( )

19. 液压千斤顶是依靠液体作为介质来传递能量的。 ( )

20. 锯割软材料或锯缝较长的工件时,宜选用细齿锯条。 ( )

三、选择题(下列选项中只有一个是正确的,将正确答案的序号填入括号内)(共40分)

1. 表示装配单元先后顺序的图称为( )。

A. 总装图　　B. 工艺流程卡　　C. 装配单元系统图

2. 百分表制造精度,分为0级和1级两种,0级精度( )。

A. 高　　B. 低　　C. 与1级相同

3. 有一尺寸为 ϕ20mm 的孔与 ϕ20mm 的轴相配合,可能出现的最大间隙是( )mm。

A. 0.066　　B. 0.033　　C. 0

4. 一般划线钻孔的精度是( )mm。

A. 0.02～0.05　　B. 0.1～0.25　　C. 0.25～0.5

5. 直径在8mm以下的钢制铆钉,铆接时一般采用( )。

A. 热铆　　B. 冷铆　　C. 混合铆

6. 切削铸铁一般不用加切削液,但精加工时为了提高表面粗糙度使表面光整而采用( )作切削液。

A. 乳化液　　B. 煤油　　C. 机油

7. 一个物体在空间如果不加任何约束,它有( )自由度。

A. 四个　　　　B. 五个　　　　C. 六个

8. 车间内的各种起重机、电瓶车、平板车属于(　　)。

A. 生产设备　　　　B. 辅助设备　　　　C. 起重运输设备

9. 测量车床主轴与尾座的等高精度时,可用(　　)。

A. 水平仪　　　　B. 千分尺与试棒　　　　C. 千分尺

10. 内径千分尺是通过(　　)把回转运动变为直线运动而进行直线测量的。

A. 精密螺杆　　　　B. 多头螺杆　　　　C. 梯形螺杆

11. 车刀主后角增大,能(　　)后刀面与切削面之间的摩擦。

A. 减小　　　　B. 增大　　　　C. 不变

12. 增大车刀的前角,则切屑(　　)。

A. 变形大　　　　B. 变形小　　　　C. 不改变

13. 车削时,传递切削热量最多的是(　　)。

A. 刀具　　　　B. 工件　　　　C. 切屑

14. 铰刀磨损主要发生在切削部位的(　　)。

A. 前刀面　　　　B. 后刀面　　　　C. 切削刃

15. 机床的几何误差包括制造误差、装配误差及(　　)误差。

A. 磨损　　　　B. 调试　　　　C. 操作

16. 工艺系统没有调整到正确的位置而产生的误差称为(　　)。

A. 调整误差　　　　B. 装配误差　　　　C. 加工误差

17. 一个 $\phi 200^{+0.10}_{0}$ mm 的钢筒在镗床上镗后经珩磨机磨成,我们称这个孔经过了(　　)。

A. 两个工序　　　　B. 两个工步　　　　C. 两次进给

18. 一个 $\phi 200^{+0.10}_{0}$ mm 的孔在同一个钻床上经钻削、扩削和铰削(　　)加工而成。

A. 三个工序　　　　B. 三个工步　　　　C. 三次进给

19. 制造各种结构复杂的刀具常用材料是(　　)。

A. 碳素工具钢　　　　B. 高速钢　　　　C. 硬质合金

20. 增大车刀的前角,则切屑(　　)。

A. 变形大　　　　B. 变形小　　　　C. 不改变

21. 使工件相对于刀具占有一个正确位置的夹具装置称为(　　)装置。

A. 夹紧　　　　B. 定位　　　　C. 对刀

22. 单位时间内通过某断面的液压流体的体积,称为(　　)。

A. 流量　　　　B. 排量　　　　C. 容量

23. 液压泵的输入功率与输出功率(　　)。

A. 相同　　　　B. 不同

24. 液体单位体积具有的(　　)称为液体的密度。

A. 质量　　　　B. 重量

25. 在要求不高的液压系统可使用(　　)。

A. 普通润滑油　　　　B. 乳化液

C. 柴油　　　　D. 水、润滑油、柴油均可

26. 表示装配单元先后顺序的图称为(　　)。

A. 总装图　　B. 工艺流程卡　　C. 装配单元系统图

27. (　　)是用来控制液压系统中各元件动作的先后顺序的。

A. 顺序阀　　B. 节流阀　　C. 换向阀

28. (　　)密封圈通常由几个叠在一起使用。

A. O 型　　B. Y 型　　C. V 型

29. Y 型密封圈唇口应面对(　　)的一方。

A. 有压力　　B. 无压力　　C. 任意

30. 开关、接触器、按钮属于(　　)。

A. 控制电器　　B. 保护电器

31. 熔断器属于(　　)。

A. 控制电器　　B. 保护电器

32. (　　)的主要作用是传递转矩。

A. 心轴　　B. 转轴　　C. 传动轴

33. (　　)是一种手动主令电器。

A. 按钮　　B. 开关　　C. 接触器

34. (　　)是用以反映工作行程位置,自动发出命令以控制运动方向和行程大小的一种电器。

A. 行程开关　　B. 按钮　　C. 组合开关

35. 电动机减压启动的方法有多种,但它们实质都是(　　)电动机的启动电流。

A. 增大　　B. 减小　　C. 不改变

36. 直流电动机用于动力设备的最大特点是(　　),调速方便、平稳。

A. 转矩大　　B. 转速高　　C. 功率大

37. 在任何力的作用下,保持大小和形状不变的物体称为(　　)。

A. 刚体　　B. 固体　　C. 钢件

38. 固定铰链用圆柱销连接的两构件中有一个是固定件,称为(　　)。

A. 支架　　B. 支座　　C. 支承体

39. (　　)仅用来支承转动零件,只承受弯矩而不传递动力。

A. 心轴　　B. 转轴　　C. 传动轴

40. (　　)在转动时既承受弯矩又传递转矩。

A. 心轴　　B. 转轴　　C. 传动轴

四、综合题(每题 10 分,共 20 分)

1. 铰孔时,铰出的孔呈多角形的原因有哪些?

2. 有一蜗杆传动机构,已知其蜗轮齿数为 58,蜗杆头数为 2,求其传动比是多少?

应会考试模拟试题(一)

盖板的锉削和钻孔

1. 题目名称:盖板的锉削和钻孔。

2. 题目内容:按照题图 1 及技术要求制作。

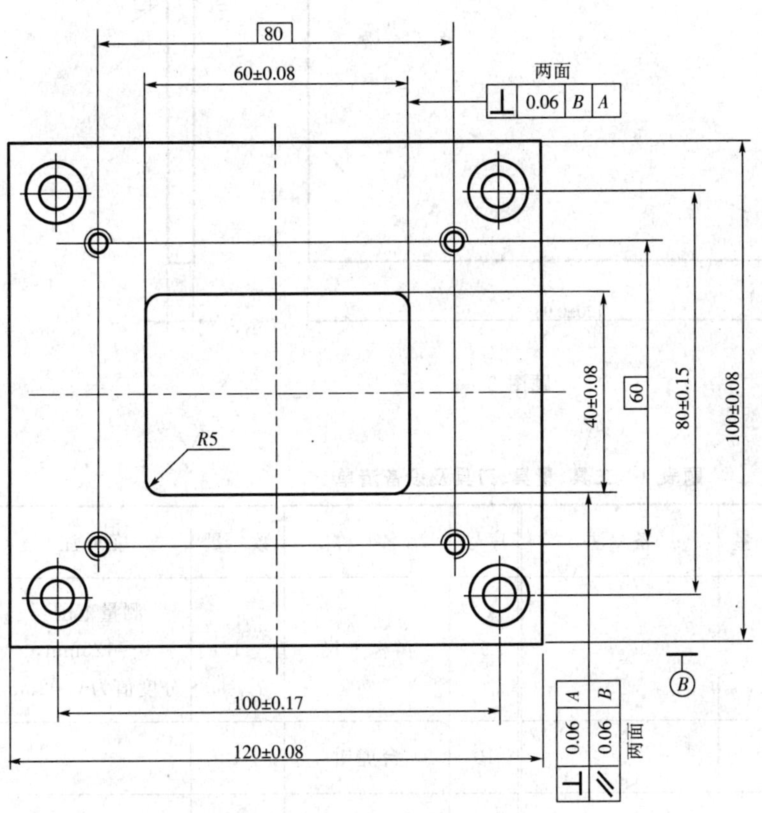

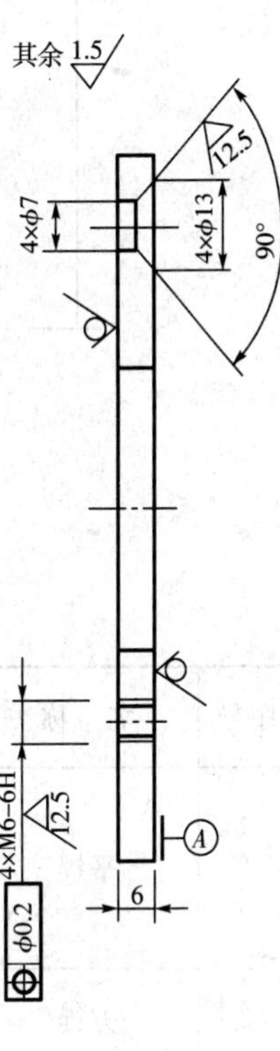

技术要求

1. 曲面与平面光滑连接;
2. 对称误差不大于 08mm。

题图 1

3. 时限:240min。

4. 考前准备:

(1)按照题图 2 准备坯料。

(2)按照题表 1 备齐合格的工具、量具、刃具和夹具。

(3)认真读懂图样,以免错漏现象发生。

(4)场地要符合有关安全文明生产的规定。

(5)检查、调整设备,使之符合加工精度的要求。

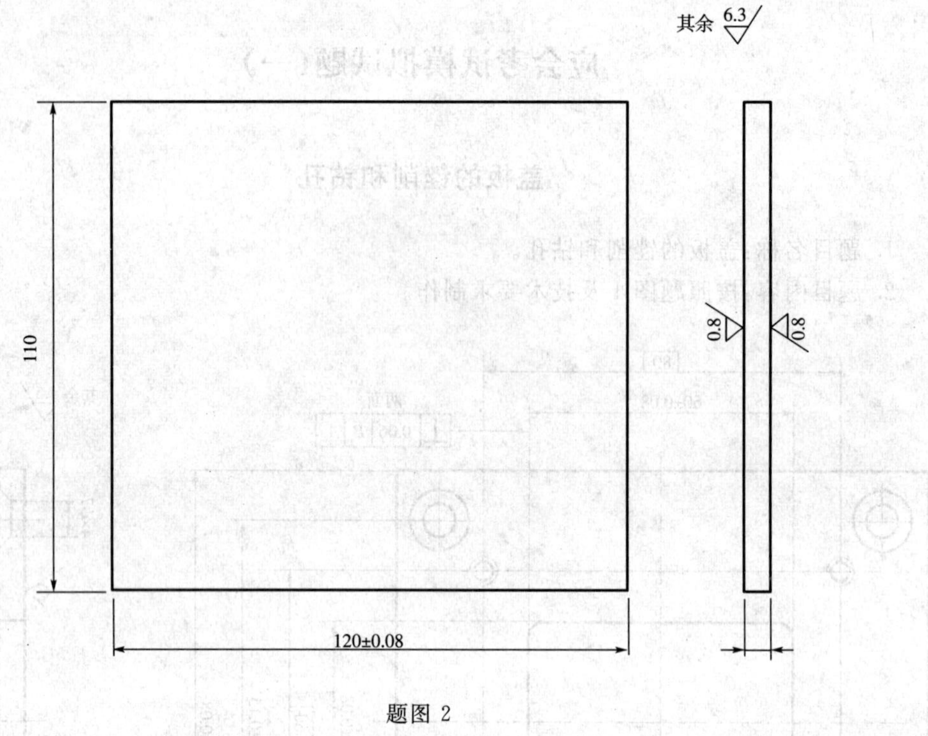

题图 2

题表 1　工具、量具、刃具及设备清单

序号	名　称	数　量	备　注	序号	名　称	数　量	备　注
1	平锉	1		9	游标卡尺	1	测量范围：0～125mm，分度值为 0.02mm
2	方锉	1		10	台虎钳	1	
3	小圆锉	1		11	铜夹块	2	
4	$\phi5$ 钻头、$\phi7$ 钻头	各 1		12	划线盘	1	
5	锪钻(90°)	1		13	圆规	1	
6	M6 丝锥	各 1	Ⅰ、Ⅱ锥	14	样冲	1	
7	钢直尺	1		15	锤子	1	
8	90°角尺	1		16	台钻	1	

5. 考核配分及评分标准，见题表 2。

题表 2 考核配分及评分标准

项目	编号	考核项目	配分	检测记录	评分标准	得分
主要项目	1	尺寸(60±0.08)mm	12		(1)超差≤50%，扣该项分 1/2；超差＞50%，扣本项分 (2)本项有多处，超差处数超出一半扣本项全分 (3)超出四项不合格，产品不合格	
	2	尺寸(40±0.08)mm	12			
	3	尺寸(100±0.17)mm	8			
	4	尺寸(80±0.15)mm	8			
	5	位置度 ϕ0.2mm	8			
	6	技术要求 1	4			
	7	技术要求 2	6			
一般项目	1	尺寸 4×ϕ7mm	2		超差不得分	
	2	尺寸 4×ϕ13mm	2			
	3	尺寸 4×M6－6H	4			
	4	尺寸 R5mm	4			
	5	角度 90°	4			
	6	表面粗糙度 R_a1.6μm	5			
	7	表面粗糙度 R_a12.5μm	5			
	8	平行度 0.05mm(相对于基面 B)	3			
	9	垂直度 0.05mm(相对于基面 A)2 处	5			
安全文明生产	依据国家安全生产和企业文明生产的有关规定作为考核项目		8		安全生产和文明生产各 4 分	
其他	考试时间每超 0.5h 扣总分 5 分，超出 2h 为不及格					

应会考试模拟试题(二)

刮削平行直角块

1. 题目名称:刮削平行直角块。

2. 题目内容:每个刮削的平面平均每 25mm×25mm 面积内的接触率;两相邻平面的垂直度;两平行平面的平行度;刮削平面的表面粗糙度。

3. 时限:240min。

4. 考前准备:

(1)熟悉题目要求,读懂题图 3 及技术要求。

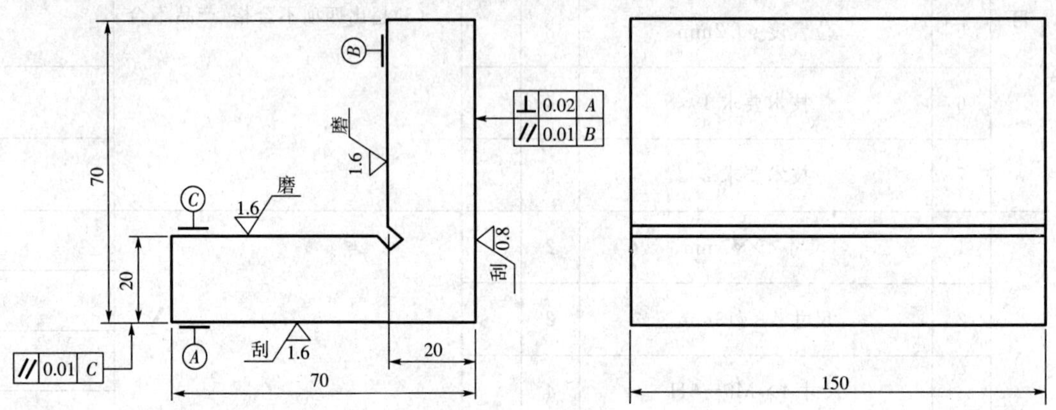

技术要求

直角处可以有 2mm×2mm 的缺口。

题图 3

(2)准备平行直角块铸件,经精刨后平行度达到 0.03mm,垂直度达到 0.04mm,表面粗糙度值达到 $R_a 3.2\mu m$,其余尺寸参照题图 3。

(3)准备合格的量具、研具、刮刀,并调好氧化铁显点涂料及支承用具。

(4)刮削前清除工件的锐边和毛刺。

(5)刮削中容易出现的问题和解决方法,见题表 3。

题表 3　刮削易出现的问题和解决方法

容易出现的问题	解决方法
刮削同一个测量点,在几次测量中百分表的读数均不同	选择符合精度要求的百分表;百分表的表架连接牢固,表杆和百分表的触头不要伸出过长
刮削平面,显点变化不定	检查显点研具是否合格;支承、夹持工件的力量是否不均或力量过大
刮削前工件的预加工(精刨)精度超差	更换符合精度要求的考核工件

5. 考核配分及评分标准，见题表 4

题表 4　考核配分及评分标准

<table>
<tr><th>项目</th><th>编号</th><th>考核项目</th><th>配分</th><th>检测记录</th><th>评分标准</th><th>得分</th></tr>
<tr><td rowspan="3">主要项目</td><td>1</td><td>两相邻平面的垂直±10′</td><td>25</td><td></td><td>每超差±5′扣 10 分，超差±10′不得分</td><td></td></tr>
<tr><td>2</td><td>两相邻平面的平行度±0.02mm</td><td>25</td><td></td><td>(1)每超差±0.01mm 扣 5 分
(2)超差±0.04mm 扣本项配分</td><td></td></tr>
<tr><td>3</td><td>刮削平面显点数不少于 20 点/(25mm×25mm)</td><td>15</td><td></td><td>刮削平面 25mm×25mm 内每减少 5 点扣 5 分</td><td></td></tr>
<tr><td rowspan="3">一般项目</td><td>1</td><td>表面粗糙度 R_a0.08μm</td><td>10</td><td></td><td>(1)降一级扣 5 分
(2)降二级扣本项配分</td><td></td></tr>
<tr><td>2</td><td>显点大小、轻重分布均匀</td><td>10</td><td></td><td>达到规定显点数后，显点大小悬殊扣 5 分；轻重分布明显扣 5 分</td><td></td></tr>
<tr><td>3</td><td>刮削工艺合理</td><td>5</td><td></td><td>刮削工艺不合格扣 5 分</td><td></td></tr>
<tr><td>安全文明生产</td><td colspan="2">依据国家安全生产和企业文明生产的有关规定作为考核项目</td><td>10</td><td></td><td>(1)未发现安全隐患扣 1 ～5 分
(2)工具、量具使用不正确扣 1～5 分</td><td></td></tr>
<tr><td>其他</td><td colspan="6">考试时间每超 0.5h 扣总分 5 分，超出 2h 为不及格</td></tr>
</table>

参考文献

1. 陈刚，杨举銮主编．职业技能鉴定教材——钳工．北京：中国劳动社会保障出版社，1996

2. 尹玉珍主编．机械制造技术常识．北京：电子工业出版社，2005

3. 蒋增福主编．钳工工艺与技能训练．北京：中国劳动社会保障出版社，2001

4. 王兴民主编．钳工工艺学．北京：中国劳动出版社，1996

5. 上官家桂主编．钳工职业技能鉴指南．北京：机械工业出版社，1996

6. 刘士宽，韩俊谦编著．钳工工艺学．北京：科学出版社，1997

7. 赵如福主编．机械加工工艺人员手册．上海：科学技术出版社，1991 年

8. 刘汉容，张兆平主编．钳工生产实习．北京：中国劳动出版社，1996 年

9. 葛金印主编．机械制造技术常识．北京：高等教育出版社，1989 年

10. 顾崇衔主编．机械制造工艺学．陕西：科学技术出版社，1981 年

11. 周栋隆主编．机械制造工艺及夹具．北京：中国轻工业出版社，1990 年

12. 苏建修主编．机械制造基础．北京：机械工业出版社，2002 年

13. 黄克进主编．机械加工操作基本训练．北京：机械工业出版社，2004 年